Study on the
Environmental Policies
in the U.S.

美国环境政策研究（三）

李丽平　李媛媛　杨君　耿润哲　刘金淼　等　著

社会科学文献出版社
SOCIAL SCIENCES ACADEMIC PRESS (CHINA)

序

《美国环境政策研究》第三本出版，这是中美环境合作的重要成果，对此表示祝贺！

中国在20世纪八九十年代即将环境保护列为基本国策。特别是十九大以后，污染防治攻坚战被确定为决胜全面建成小康社会的三大攻坚战之一。2018年，生态文明、建设美丽中国的要求被正式写入宪法，确立了习近平生态文明思想。需要指出的是，一方面，这一系列重大政策和措施为做好环境保护工作提供了坚实基础和有效保障。另一方面，中国开展环境保护不仅是政治要求，也是绿色可持续发展的强烈的内生动力。中国的资源能源利用效率仍然比较低，污染物排放量还比较高。推动高质量发展，必须尽快改变"高消耗、高排放、低效益"的粗放型经济增长方式。

共谋全球生态文明建设是我国环境保护的重要内容。"共谋全球生态文明建设"的共赢全球观是习近平生态文明思想的八大核心要义之一。共谋全球生态文明建设，共建美丽世界，是中国和世界各国人民的共同追求，在此过程中，中国将是重要的参与者、贡献者、引领者。在当前国内的生态环境形势下，一方面，作为最大的发展中国家，中国通过国际环境合作，不断致力于解决好自身的环境问题，这也是对全球环境保护的重大贡献；另一方面，中国积极参与全球环境治理，推动形成世界环境保护和可持续发展的解决方案，推动构筑尊崇自然、绿色发展的生态体系，保护好人类赖以生存的地球家园，是展现大国担当、构建人类命运共同体的迫切需要。

中美环境合作是中国开展最早的双边环境合作，经过近40年的发展，已形成全方位、多层次、多领域的合作模式。美国在生态环境保护的道路上一直走在世界前列，其环境政策处于世界领先水平，具有很多成功的环境保护经验。我国的环境影响评价制度、排污许可制度、环境信息公开、按日计罚等制度政策以及环境质量和排放标准等均借鉴参考了美国经验。目前，双方政府、企业、科研机构在大气、水、化学品、固废、执法、法律等领域开展了富有成效的合作。通过合作，两国环保产业获得了新动力，遇到了潜在的市场机遇。中美环境合作不仅要服务于两国，还需要携起手来，共同推动实现全球可持续发展。

《美国环境政策研究》系列书籍基于中国和国际社会的热点环境政策，既研究美国的环境政策，也与中国的相关情况进行比较；既研究当前的环境政策，也研究与中国同等发展阶段的环境政策；既研究美国环境政策的经验，也分析探究美国环境政策的教训；既研究当前的环境政策是什么，还探究制定环境政策的原因，即为什么的问题。《美国环境政策研究》的很多成果已经被直接应用到相关政策制定中，有的直接推动了相关政策的安排。因此，做好中美环境政策比较研究对我国打好污染防治攻坚战能够提供实用的经验借鉴。

再次祝贺！希望继续加油！

生态环境部国际合作司司长

前　言

自 2015 年、2017 年分别出版了《美国环境政策研究》和《美国环境政策研究（二）》之后，2019 年《美国环境政策研究（三）》又如期问世了。

《美国环境政策研究（三）》既是《美国环境政策研究》《美国环境政策研究（二）》的延续，又有其自己的特征。延续是指《美国环境政策研究（三）》与前两本书形式类似：一是全书并非完整介绍或研究美国的环境政策体系，各章相对独立，但从内容上涵盖了综合性政策、空气污染治理政策、水污染治理政策、土壤污染治理政策 4 个方面；二是每一篇文章不仅介绍了美国某一环境政策的经验，也与中国的情况进行了对比，提出建议等；三是紧紧围绕中国环境管理中的热点问题，同时抓住美国环境管理的前沿问题。《美国环境政策研究（三）》与前两本书主要是内容不同，新的特点主要包括：一是环境政策与企业的经济

2 美国环境政策研究 三

利益密切挂钩；二是不仅包含污染防治政策，也包含气候变化相关政策；三是不仅包含美国联邦层面的环境政策，也涉及美国各州层面的环境政策。

本书共14章，分为四大部分。第一部分为综合篇，包括第一章至第四章，主要是综合性主题，内容为美国排污许可证后如何实施、环境罚款如何与企业违法收益挂钩、如何禁止或者暂停严重环境违法企业参与政府采购、"下一代守法"战略如何运行等；第二部分为水污染治理篇，包括第五章至第十章，分别讨论了五大湖恢复行动计划、美国环境激素污染防治、工业废水预处理制度、湿地补偿银行、面源污染监管和防治、阿肯色州种养结合的畜禽养殖污染管理模式等经验以及对中国的启示或建议；第三部分为固废管理和土壤污染治理篇，包括第十一章至第十二章，研究和分析了美国土壤污染风险管理和危险废物监管经验等，同时结合中国相关情况提出建议；第四部分为空气污染防治和气候变化篇，包括第十三章至第十四章，分析了美国重型柴油车治理和碳交易的实践。

本书由生态环境部环境与经济政策研究中心李丽平、李媛媛、美国环保协会北京代表处秦虎总体设计。具体分工如下：第一章由李媛媛及生态环境部环境与经济政策研究中心黄新皓、李丽平执笔；第二章由李丽平及生态环境部环境与经济政策研究中心王彬、李媛媛执笔；第三章由美国环保协会北京代表处杨君、秦虎及北京科技大学唐德龙执笔；第四章由李丽平及生态环境部环境与经济政策研究中心张彬、田春秀、肖俊霞执笔；第五章由黄新皓及生态环境部环境与经济政策研究中心刘金淼、李媛媛、中国人民大学石磊、生态环境部环境与经济政策研究中心姜欢欢执笔；第六章由李媛媛、姜欢欢、刘金淼、黄新皓执笔；第七章由刘金淼、黄新皓、李媛媛、姜欢欢执笔；第八章由刘金淼及生态环境部环境与经济政策研究中心孙飞翔、姜欢欢、李媛媛、黄新皓执笔；第九章由生态环境部环境与经济政策研究中心耿润哲、殷培红、王萌、周丽丽执笔；第十章由耿润哲、殷培红执笔；第十一章由姜欢欢、李媛媛、中国农业大学刘黎明以及刘金淼、黄新皓执笔；第十二章由生态环境部环境与经济政策研究中心赵嘉、雷健、李丽平、张彬、张莉执笔；第十三章由美国环保协会北京代表处姚祎执笔；第十四章由美国环保协会北京代表处王昊执笔。本书由李丽平、李媛媛、秦虎统一修改定稿。

　　本书的完成得到了生态环境部等部门的大力支持和指导。生态环境部国际合作司郭敬司长为本书作序。生态环境部环境与经济政策研究中心吴舜泽主任、田春秀副主任不但对本书提出许多有价值建议，还给予了大力支持和帮助，许多同事对一些章节的修改完善提出了宝贵建议。美国环保协会北京代表处为本书的出版提供了经费支持，首席代表张建宇博士对本书的编写也给予了特别关注及大力支持。本书在撰写过程中，还得到了生态环境部国际合作司欧美处处长崔丹丹女士、科财司王圻调研员、美国环境法研究所总裁 Scott Fulton 先生及副总裁 Jay Pendergrass 先生、中国项目主任刘卓识先生、中国人民大学石磊教授、中国农业大学刘黎明教授、咸阳市生态环境局副局长赵英昊、重庆大学张利兰副教授等的大力支持。社科文献出版社的任晓霞编辑在本书的出版过程中给予了鼎力帮助。在此对上述单位和个人一并致以最诚挚的谢意！感谢所有对此书付出努力的研究机构和个人！

　　由于时间紧迫，水平有限，错误缺漏在所难免，以上初步研究恳请广大读者批评指正。

目　录

第一章　美国排污许可证后实施经验及对我国的启示

提　要：排污许可制度的关键在于证后实施。美国《清洁空气法》（Clean Air Act，CAA）框架下的排污许可制度在固定污染源排放管理方面取得显著成效。美国排污许可制度顺利实施的成功之处在于：美国环保部门、排污单位和公众等各相关利益方责任划分清晰，各司其职，有序开展工作；通过强化监督核查机制，提高美国环保部门的监管执法水平；通过细化持证义务，落实排污单位主体责任；通过公众全过程参与，保障公众监督。美国经验对我国有如下启示：一是严把发证质量关，重"质"非"量"，杜绝滥竽充数；二是明晰各方责任和义务，保障政府和排污单位在各司其职时能够有据可依；三是科学裁定和量化罚则，提高执法有效性；四是鼓励排污单位自行监管，降低执法压力；五是不断优化大数据平台，助力生态环境执法。

在美国，排污许可制度作为固定污染源管理的主要手段，经过数十年的实施，并配合其他污染防治政策、措施及标准的执行，使污染物排放量显著下降。以大气污染物为例，2016 年美国 CO、Pb、NOx、VOC、一次 PM_{10}、一次 $PM_{2.5}$、SO_2 排放量较 1990 年分别降低了 59%、80%、48%、39%、20%、24% 和 78%，基本达到了《清洁空气法》所要求的主要目标。[①]

一　美国排污许可制度证后实施经验

美国《清洁空气法》框架下的固定源[②]排污许可制度是固定污染源排放监管的核心制度，所有重点污染源[③]在运行之前都需要取得"运行许可证"[④]，否则视为违法。

[①] 戴伟平、邓小刚、吴成志等：《美国排污许可证制度 200 问》，中国环境出版社，2016。

[②] 本书所用的固定源（Stationary Sources）、排污单位和企业等词的意思相同，不同国家的常用说法不完全一致。

[③] 根据《清洁空气法》第 501 条第（2）款的定义，"重点污染源/重点源"（Title V Major Sources）是指任何空气污染物排放超过 100 吨/年的污染源。对于危险空气污染物（HAP），所定义的重点源阈值有所不同：重点源为排放单一危险空气污染物超过 10 吨/年或排放多种危险空气污染物超过 25 吨/年的污染源。运行许可证的主要管理对象为重点源，另外部分"小源"（次要源、非重点源）也会纳入管理范畴。

[④]《清洁空气法》框架下的排污许可制度通常分为两类：新源审批许可（New Source Review Permitting）制度和运行许可（Operating Permits）制度。对于新建污染源或进行重大改扩建的现有污染源，在建设之前需取得"建设许可证"，符合新源审批许可制度相关要求。"建设许可证"的功能类似于我国的环评。重点污染源在运行之前则还需要取得"Title V 许可证"，也即"运行许可证"，符合运行许可制度相关要求。本书主要讨论污染源在实际运行期间的许可管理经验，因此以运行许可证制度为主，不涉及新源审批许可制度的内容。

（一）明晰各方责任，建立规范化的排污许可管理模式

运行许可证制度明确了美国环保部门、固定源和公众的责任，各利益相关方根据职能分工协作，各司其职，保障制度高效运转。

在运行许可证申请和核发阶段，固定源需要按照法律法规要求[①]及时提交完整的许可证申请材料，包括基本信息、工艺和产品描述、排放相关信息、污染控制要求、合规计划、合规证明要求以及承诺书等内容；州和地方环保局的主要职责就是制定许可证申请表及相关技术规范，评估固定源提交申请材料的完整性和准确性，[②] 撰写许可证草案，并给公众提供评议机会（不少于 30 天），视情况召开听证会等；美国环保局（EPA）负责全面监督，对州或地方环保局制定的许可证草案有单独的审查时限（45 天）。在充分纳入美国环保局和公众意见后，州或地方环保局即可向固定源发放运行许可证。

在运行许可证实施和监管阶段，固定源需要依照核发许可证载明条款要求开展日常环境管理工作，配合环保部门进行材料审查、现场检查等活动，提供守法证据；州和地方环保局则根据合规监测的相关规定对固定源进行有效监管，并在发现其违反许可证要求时开展执法行动，按照规范要求对其进行相应处罚，确保固定源连续达标且合规排放；美国

① CFR 第 40 卷第 70 章第 5 条（c）款和第 71 章第 5 条（c）款。
② 运行许可证申请材料的审核通常分为两个阶段：首先，州和地方环保局审核申请材料是否完整，即是否包括了所有法律法规要求需要提交的文件和信息（侧重形式审查）；其次，州和地方环保局审核申请材料的内容是否符合联邦、州和地方法律法规要求，必要时会进行实地检查，全面评估固定源是否能够在运行期间达到所有适用要求（侧重实质审查）。

环保局的主要职责就是制定许可证的具体实施法规和条例以及合规与执法规范和指南，监督州和地方环保局运行许可制度的执行情况；公众作为监督的主体，可随时随地向环保部门进行投诉并监督环保部门的执法程序。据了解，美国许多违法行为都是通过公众投诉发现的。美国固定源排污许可管理的全过程总结如图 1－1 所示。

（二） 强化监督核查机制，提高环保部门的监管执法水平

《清洁空气法》授权美国环保局制定相应程序和方法，监测和分析污染物排放情况，确保固定源遵守适用的排污许可法律法规和标准等要求。① 美国环保局在该法律授权下制定了完善的固定源合规和执法方案，② 设定了标准化的合规监测程序，建立了有效的监督核查与处罚机制。

1. 开展合规监测，提供固定源违法证据

合规监测（Compliance Monitoring） 是美国环保局和地方监管机构对固定源进行监督核查的 "利器"，包括了所有监管机构的活动以及合规判定的手段，是环境合规和执法方案中的重要组成部分。排污许可证后监管就属于合规监测框架下的重要内容。

---

① 《清洁空气法》第 504 条（b）款。
② 《清洁空气法》合规和执法方案（CAA Compliance and Enforcement Program） 适用于如下《清洁空气法》具体项目：新源绩效标准（NSPS）、危险空气污染物国家排放标准（NESHAP）、最佳可行控制技术（MACT）、面源（40 CFR Part 63 Area Sources）、新源审查许可证/预防重大恶化（NSR/PSD）、州实施计划（SIPs）、Title V 许可证、平流层臭氧保护、预防意外泄漏 [42 USCA 第 7412 条（r）款]、强制性温室气体报告条例（CFR 第 40 卷第 80 章）、酸沉降控制（42 USCA 第 7651 条）。

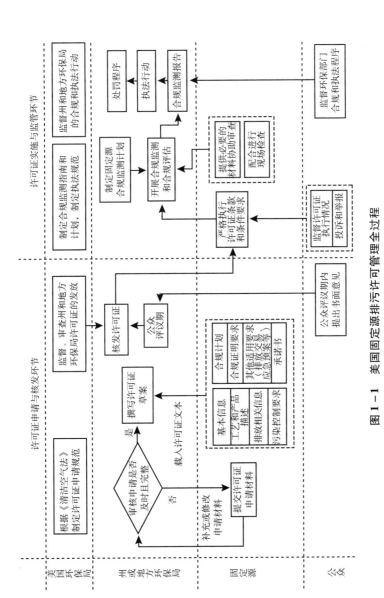

图1-1 美国固定源排污许可管理全过程

资料来源：宋国君、赵英煚：《美国空气固定源排污许可证中关于监测的规定及启示》，《中国环境监测》2015年第6期。

　　总体而言，合规监测是一项系统性的规划，从整体策略到具体执行活动，分类、分频次对固定源的合规情况进行核查和评估。从适用范围来说，固定源合规监测重点关注取得运行许可证的重点源（Title V Major Sources）和部分设定次源（Synthetic Minor Sources）①。监管"门槛"的设立，一方面确保排放接近重点源阈值的污染源都能得到定期评估；另一方面也使得监管机构的有限资源能够集中在那些最具环境管理意义的污染源上，确保环境监管效益最大化。

　　（1）制定系统的合规监测指南和计划

　　《清洁空气法固定源合规监测策略》（CMS，以下简称"策略"）②是美国环保局制定的一项用于指导并授权各州管理和实施《清洁空气法》合规监测项目的指南。该策略提供了一系列用于评估合规性的工具，包括现场检查、烟囱测试、合规评估等，且所有这些工具的使用都具有一定的成本有效性。该策略指出，在条件有限的情况下没有必要通过现场检查评估设施的合规状况，可以通过运行许可证的常规报告和特殊情况报告等信息进行评估。但是，为确保固定源在现场的合规性，策略建议为现场检查设定一个最低频率。③ 该策略为固定源合规监测提供了全国一致性，同时也为各州保留了灵活处理当地空气污染和合规问题

①　"设定次源"是指污染物实际排放或潜在排放超过重点源阈值 80% 的污染源（SM‑80s）。

②　U. S. EPA, Clean Air Act Stationary Source Compliance Monitoring Strategy, 2016, https://www. epa. gov/sites/ production/files/2013‑09/documents/cmspolicy. pdf.

③　CMS 规定，对于 Title V 重点源，现场检查应当至少每五年实施一次。据向特拉华州政府资源与环境部官员了解，特拉华州对于 Title V 重点源每年开展一次常规现场检查（若遇公众举报等特殊情况则酌情增加现场检查的次数）。

的权力，加强了美国环保局对合规监测项目的监督。

为了便于合规监测项目的开展，美国环保局区域办公室以及各州需要制定并提交合规监测策略计划（CMS Plans）。一般来说，合规监测策略计划的提交频次为每年一次，最少不得低于每两年一次。各州的合规监测策略计划中应当纳入所有重点源和所有设定次源的特定设施清单，识别出需要进行全合规评估（FCE）的设施，同时确定进行现场检查的人员名单，并且说明如何解决合规监测中发现的缺陷和不足。

（2）采用现场和非现场相结合的核查方式

合规监测中用于合规判定的手段和工具可大致分为现场（On-site）和非现场（Off-site）两类。现场合规监测是指需要对设施进行实地考察才能评估合规状况的活动，包括现场检查、烟囱测试等；非现场合规监测是指不用进行实地考察即可评估合规状况的活动，例如记录审查、信息请求等，包括但不限于数据收集、审查、报告以及项目协调、监督和支持等工作。

现场检查（Inspections）即现场考察，是对设施或场所（例如商厂、学校、垃圾填埋场）进行访问，通过现场收集信息确定其是否合规。检查的强度和范围浮动很大，可以是不到半天的快速巡查，也可以是需要几周时间完成的大量样本收集审查。现场检查的常规程序包括检查前准备、进厂前观测、进入厂区、检查记录、文件更新和报告等内容。① 此外，检查需要由取得资质的检查员（Inspectors，包括批准的第

---

① U. S. EPA, Air Compliance Inspection Manual, 1985, https：//nepis. epa. gov/Exe/ ZyPURL. cgi? Dockey = 20011INJ. txt.

三方）进行。美国环保局通过颁发联邦检查员资格证（Credentials），授权州和地方政府官员代表美国环保局进行检查。① 检查员在出示有效证件之后，有权进入厂区检查。②

（3）分类、分频次开展合规评估

各州通过综合分析现场检查和非现场审查的结果对固定源进行合规评估，判定固定源是否合规。合规评估通常分为全合规评估（FCEs）、部分合规评估（PCEs）和调查（Investigations）三种类型。

全合规评估（Full Compliance Evaluations，FCEs）是一项用于评价整个设施合规性的综合评估，可以根据评估结果直接进行一次合规判定（Compliance Determination）。它涵盖了设施全部排放单元的全部污染物，不仅对每个排放单元的合规状况进行评价，而且还要对设施的持续合规能力进行评估。对于重点源，全合规评估应当至少每两年实施一次；③对于设定次源，全合规评估应当至少每五年实施一次。

部分合规评估（Partial Compliance Evaluations，PCEs）是一项有文件记录的合规性评估，以合规判定为目标，侧重于设施的部分工艺、污染物、排放单元或个别法规要求。总体来说，部分合规评估与全合规评估相比耗时更短、资源密集程度更低，全合规评估亦可通过完成一系列

① U. S. EPA, Guidance for Issuing Federal EPA Inspector Credentials to Authorize Employees of State/Tribal Governments to Conduct Inspections on Behalf of EPA, 2004, https：//www. epa. gov/sites/production/files/2013 –09/ documents /statetribalcredentials. pdf.

② 《清洁空气法》第7414条指出，美国环保局局长及其授权代表在出示证件之后，有权进入厂区获取和复制记录、检查监测设备以及进行污染物采样，以便进行标准制定、违规判定、收集其他信息来执行法律等工作。

③ 不包括非常大型、复杂的重大源（Mega-sites）。对重大源，FCE 应当至少每三年实施一次。

的部分合规评估实现，所以部分合规评估可以作为经济有效地筛查和识别非合规情况的实用工具。

调查（Investigations）与另外两类合规评估的区别是，它局限在设施的一部分，资源更加密集，对特定问题的评估更深入，并且需要更长的时间才能完成。调查主要用于解决常规全合规评估由于时间限制、初步现场工作要求及判定合规的专业技术水平而难以评估的问题。

（4）持续记录和报告合规信息，实现定期反馈和改进

各州应当将开展的任何合规评估活动和结果进行记录，撰写合规监测报告（Compliance Monitoring Report，CMR），并根据要求向美国环保局区域办公室进行汇报。

合规监测报告应当至少包括以下基本元素：基本信息、设施信息、适用要求、排放单元和工艺清单及描述、历史执法活动信息、合规监测活动以及在合规评估期间转达给设施的评估结果和建议。各州应当根据各自的政策、程序和要求对合规监测报告进行保存。若州没有出台相应规定，则应当与美国环保局记录政策的保存时间表保持一致（见表1-1）。

表1-1　美国环保局记录政策的保存时间

情形	保存时间
CMRs 记录的评估没有导致执法活动	5 年
CMRs 记录的评估导致民事行政执法活动	在执法文件归档之后 10 年
CMRs 记录的评估导致民事司法或刑事执法活动	在执法文件归档之后 20 年

资料来源：U. S. EPA，Air Compliance Inspection Manual，1985，https：//nepis. epa. gov/Exe/ZyPURL. cgi？Dockey = 20011INJ. txt。

通过合规监测记录和报告机制，美国环保局可以对各州的合规监测工作进行年度评价，评估目标执行情况，识别不足之处，及时与各州环保部门官员进行沟通和反馈，为下一年计划的制订进行有针对性的调整和改进。

（5）重视人员培训和资质认证，适当授权第三方参与合规评估

美国环保局非常重视检查员①的专业水平，通过"检查员培训项目"（Inspector Training Program）培养检查员所需的必要技能，提高其履行职责的能力，提升其专业知识素养。② 培训的内容包括现场检查的基本程序、相关法律法规要求、工业生产和技术指导、卫生和安全措施以及信息审查和收集方法等。在核实检查员达到了法规要求的最低培训要求之后，美国环保局方可颁发检查员资格证。

此外，在某些情况下，各州可以授权第三方（Third Party）③ 开展联邦设施的合规监测活动。④ 值得注意的是，美国环保局不会直接向第三方颁发与检查员相同的资格证，多数情况下美国环保局仅会向第三方提供一封授权信，表明合同检查员身份，同时限定其权力。

---

① "检查员"主要指进行现场检查的负责人员。

② U. S. EPA, Inspector Training Compendium, Course and Program Comparison, 1998, https：//nepis. epa. gov/EPA/ html/DLwait. htm? url =/Exe/ZyPDF. cgi/50000ITA. PDF? Dockey =50000ITA. PDF.

③ U. S. EPA, Clarification on the Use of Contract Inspectors for EPA's Federal Facility Compliance Inspections/Evaluations, 2006, https：//www. epa. gov/sites/production/files/2015 – 01/documents/contractor-memo – 9 – 19 – 2006. pdf.

④ 各州在获得美国环保局联邦设施执法办公室（FFEO）的授权之后才能使用合同检查员（Contract Inspectors）对联邦设施进行合规检查和评估。

2. 运用多种执法手段，科学设定罚款金额，威慑违法行为

通过合规监测行动，美国环保局可以获取大量的企业守法状况的信息。如果检查发现违法违规现象，美国环保局通常会给违法者发一个违法通知（Notice of Violation）。在违法性质不是太恶劣、没有造成永久性危害的情况下，违法者会收到一个警告信作为处理结果。违法通知和警告信是违法行为处理的第一步，告知违法者应立即纠正美国环保局提出的问题，尽快恢复到守法状态。

（1）民事和刑事相结合的执法手段

美国环保局通过民事和刑事执法相结合，按威慑强度形成了梯形分布的环境违法处罚机制。民事执法是对违法行为尚不构成刑事诉讼的案件的执法行动，可划分为民事行政行为（Civil Administrative Actions）和向司法部提交司法诉讼的民事司法行为（Civil Judicial Actions）。

民事行政行为是由美国环保局或州环保机构执行的、不进入司法程序的执法行动，其主要形式包括向违法者发出违法通告，要求个人、企业或者其他违法机构恢复到守法状态和清理场地的行政命令等。民事司法行为是指将案件纳入正式的法律诉讼程序，由司法部代表美国环保局或由州首席检察官代表州环保局向法院正式提起民事诉讼。此类执法主要针对的是严重违法行为或者不服从行政命令的行为。如果违法性质恶劣（故意违法）、后果严重，美国环保局会向法院提起刑事诉讼，法院将对这些违法行为实施罚款或监禁处罚。在美国可以提起诉讼的刑事犯罪类型主要包括蓄意违法行为、伪造虚假文件、没有许可证、擅自改动监测设备和重复性的违法行为。通过上述处罚手段的综合使用，对违法排污的企业和个人形成了强有力的威慑。

（2）科学设定罚款金额

经济处罚即罚款是排污许可证后执法中常用的处罚形式，其能够威慑违法者。美国环保局执法处置并不以处罚为目的，而是以环境效益和处罚效果最大化为目标。因此，科学设定罚款金额成为有效执法的重要内容。美国环保局处罚措施的关键是计算出违法者的违法经济收益，将其作为处罚的基础数额，然后再根据一系列影响因子包括超标排放程度、污染物的毒性、违法历史等进行调整。为达到有效威慑目的，对屡犯、故意违法行为会提高处罚力度，鼓励自查、自报和与执法部门合作的行为，将违法处罚的环境效果与违法者的利益、社会效果共同考虑，提高执法的可行性与有效性。

为了简化操作程序，便利工作人员的实际应用，美国环保局开发了一套模型和软件。主要有 6 个模型：1 个计算违法收益的模型 BEN；3 个计算支付能力的模型 ABEL（企业）、INDIPAY（个人）和 MUNIPAY（个人）；1 个计算追加环境项目（SEP）支出成本的模型 PROJECT；还有 1 个针对超级基金（Superfund）项目的计算地点清理成本的模型 CASHOU（详见第二章）。

3. 其他保障措施

（1）利用信息化技术优化监管

当今复杂的污染挑战推动了监管部门采取更为现代化的方式确保合规的要求。随着信息化技术的不断发展，美国环保局开发了"下一代守法"、在线执法和合规历史数据库等手段，利用信息化技术提高监管效率，促进环境信息公开。

"下一代守法"（Next Generation Compliance，简称 Next Gen）机制①旨在利用先进的检测技术与通信技术，推动守法报告和执法信息的电子化，提高守法透明度，利用大数据技术识别违规行为并对违规情况进行预警预测，实现执法精准化和高效化（详见第四章）。

在线执法和守法历史数据库（Enforcement and Compliance History Online，简称 ECHO）②是由美国环保局执法和守法保障办公室（OECA）开发和维护的一个网络工具，通过整合美国环保局主要污染源信息系统的数据，提供有关受监管设施的守法信息供公众获取、下载和使用。该数据库涵盖了 80 多万个设施③的多种环境要素（水、大气和危险废物等）的管理成效，主要包括设施的环境许可、现场检查、违规记录、执法行动和处罚等信息，以及近三年的合规状况和五年来的现场检查和执法历史记录。④

（2）激励排污单位自觉守法

为了鼓励排污单位自愿发现、及时报告和纠正违反环境法律法规的行为，美国环保局制定了环境审计⑤政策——《自行监管的激励：发

---

① U. S. EPA, Next Generation Compliance, https：//www. epa. gov/compliance/next-generation-compliance.

② 参见 https：//echo. epa. gov。

③ 其中包括 15000 个《清洁空气法》重点源和 25400 个设定次源，参见 https：//echo. epa. gov/resources/guidance-policy/guide-to-regulated-facilities。

④ U. S. EPA, ECHO-Enforcement and Compliance History Online, 2017, https：//echo. epa. gov/system/files/Intro% 20to% 20ECHO% 20Presentation_ 021417. pdf.

⑤ "环境审计"（Environmental Audit）是指由排污单位对满足环境要求的相关设施运行和实践情况进行的审查，是一项系统性、记录性、定期和客观的审查。

现、披露、纠正和预防违规行为》①，通过提供激励措施，促进排污单位自觉守法，使环保部门的正式调查和执法行动变得不必要，② 从而释放行政成本，提高监管效率。

审计政策的激励措施仅适用于自愿发现、及时披露、迅速纠正违规行为，并防止未来再次发生违规行为的排污单位。具体而言，排污单位必须满足九个条件才有资格获得"奖励"：①"系统发现"，即通过合规管理体系或环境审计系统发现违规行为；②"自愿发现"，即不是由法律强制要求的监测、抽样或审计程序识别出的违规行为；③"及时披露"，即在发现③违规行为的 21 天内（或根据法律要求的更短时间内），及时向美国环保局披露信息并提交书面文件；④"独立发现和披露"，即在根据美国环保局或其他环保部门的调查或第三方提供的信息识别出违规行为之前，独立发现和披露违规行为；⑤"纠正和整治"，即从发现之日起，在 60 天内进行纠正和整治；⑥"预防再犯"，即防止违规行为再次发生；⑦"主动合作"，即排污单位必须与环保部门进行合作；⑧不得出现任何重复违规行为，例如同一设施不得在过去三年内发生相同（或密切相关）的违规行为，或同一排污单位拥有或经营的多个设施不得在五年内出现类似违规行为；⑨不得出现任何其他严重违规行为，包括引发严重实际损害、产生紧迫和实质危害以及违反行政

---

① U. S. EPA, Incentives for Self-Policing: Discovery, Disclosure, Correction and Prevention of Violations（65 FR 19618），2000，https://www.gpo.gov/fdsys/pkg/FR-2000-04-11/pdf/00-8954.pdf.

② U. S. EPA, EPA's Audit Policy, https://www.epa.gov/compliance/epas-audit-policy.

③ "发现" 是指设施的任何官员、主管、雇员或代理人都有客观合理的依据，认为已经出现或可能出现违法行为。

命令、司法命令或已同意协议的具体条款的行为。

激励措施主要分为三类，包括显著降低民事罚款数额、不建议提起刑事诉讼和取消常规审计报告要求。排污单位满足上述九个不同条件时，可以有资格获得不同的奖励。美国环保局通过该审计政策建立了一套利益诱导机制，从而提高排污单位的守法自觉性和积极性（见专栏 1 - 1）。

专栏 1 - 1　美国环保局审计政策的激励措施

显著降低民事罚款数额：美国环境法律下的民事处罚通常包括两个部分，即根据违规的严重程度评估的处罚数额以及根据违规行为带来的经济利益评估的处罚数额。若排污单位符合审计政策的九个条件，则可以完全免除根据严重程度评估的处罚数额，但是美国环保局仍然保留没收违规行为带来的全部经济收益的自由裁量权。① 在满足八个条件时（除第一个条件"系统发现"以外），排污单位可以被减免根据严重程度评估的处罚数额的 3/4。

不建议提起刑事诉讼：美国环保局不会将其刑事执法资源集中在自愿发现、及时披露和迅速纠正违规行为的排污单位上，除非发现潜在的、值得进行刑事调查的犯罪行为。② 当符合审计政策的信息披露行为引发刑事调查时，美国环保局通常不会建议对披露信息的排污单位提起

---

① 美国环保局决定保留没收经济收益的裁量权主要基于以下两个原因：首先，排污单位会一直面临环保局没收经济收益的风险，反过来激励他们遵守法规要求；其次，没收经济利益可以保护那些守法的单位不被其不守法的竞争对手所削弱，从而维护一个公平的竞争环境。

② U. S. EPA, Investigative Discretion Memo, 1994, http：//www. epa. gov/oeca/ore/aed/comp/acomp/a11. Html.

刑事诉讼，但是可能会建议对有罪的个人或其他单位提起诉讼。此项激励措施适用于满足第二至第九个条件的排污单位，第一个条件"系统发现"并非完全必要，但是排污单位必须"善意行事"①，且采取系统的方法防止类似违规行为再次发生。

值得注意的是，出现排污单位工作人员有意识地参与违规行为或故意忽视、隐瞒、纵容违规行为等情况时，此项激励措施将不适用。此外，虽然美国环保局可以做出不建议对排污单位提起刑事诉讼的决定，但是否起诉的自由裁量权归美国司法部（U. S. Department of Justice）所有。

取消常规审计报告要求：即美国环保局不会使用环境审计报告来启动对排污单位的民事或刑事调查。例如，美国环保局在常规检查中不会要求排污单位提供审计报告。但是，如果美国环保局有合理的理由认为其发生了违规行为，那么就可以要求排污单位提供任何有助于识别违规行为或确定损害责任和损害程度的信息。

（三）细化持证义务，落实排污单位主体责任

为了确保固定源遵守许可条款和条件，《清洁空气法》规定许可证文本中除载明污染物排放标准和限值等"达标排放"要求外，还应纳入检查、监测、守法证明和报告等必要的"合规排放"要求。②

———————————

① 英文原文为"Acting in Good Faith"。

② 《清洁空气法》第504条（c）款。

《美国联邦法规》（CFR）第40卷第70~71章建立了全面的联邦和州空气质量许可制度①，通过制定一系列严密的最低要求清单，细化了固定源的持证义务，明确了固定源本身应当承担的全部环境管理责任，一方面使其日常环境管理工作更具可操作性，另一方面也为监管机构的合规监测和执法工作提供便利。

1. 监测、记录保存和报告要求

（1）监测要求

固定源运行许可证应当至少包括以下最低监测（Monitoring）要求：①全部监测和分析程序或测试方法，包括守法保证监测（CAM）；②能够获取可靠数据且符合适用测试方法、统计规范等的定期监测；③有关监测设备或方法的使用、维护和安装的要求（如有必要）。②

守法保证监测（Compliance Assurance Monitoring，CAM）主要针对依靠污染控制装置实现合规的大型排污单元。③ 守法保证监测通过确定污染控制措施是否在实施之后得到适当运行和维护，判断排污单元是否能够达到符合所有法律法规要求的控制水平，防止由于污染控制装置故障或失效产生严重污染事故。《美国联邦法规》对守法保证监测的设计基准、提交和批准、质量改进计划、报告和记录保存要求等内容做了详

---

① CFR第40卷第70章《州运行许可证管理条例》（State Operating Permit Programs）和第71章《联邦运行许可证管理条例》（Federal Operating Permit Programs）。
② CFR第40卷第70章第6条（a）（3）（i）款和第71章第6条（a）（3）（i）款。
③ U. S. EPA, Compliance Assurance Monitoring, https：//www. epa. gov/air – emissions – monitoring – knowledge – base/ compliance – assurance – monitoring.

细规定。①

　　值得注意的是，《清洁空气法》认识到连续排放监测（Continuous Emission Monitoring，CEM）并非完全必要，如果有替代方法可以提供足够可靠和及时的信息来进行合规判定，则不需要开展连续排放监测。② 此外，监管机构在对小型企业（Small Business）进行连续排放监测之前应考虑其必要性和适宜性。③ 然而，对于酸雨计划或其他 SO_2 或 NOx 减排计划下的排污单元，则必须进行连续排放监测，④ 通过在排放口使用烟气连续排放监测系统（CEMS）对 SO_2、NOx 和 CO_2 的排放量、体积流量、不透明度等数据进行连续监测。《美国联邦法规》对烟气连续排放监测系统的安装、校验、操作、维护以及缺失数据补充等要求进行了详细规定。⑤

　　（2）记录保存要求

　　固定源运行许可证要求记录的内容不仅仅是监测结果，监测过程信息同样重要。具体而言，记录保存（Record Keeping）的监测信息必须包括：①采样或测试的日期、时间和地点；②分析的日期；③分析的公司或机构；④使用的分析技术或方法；⑤分析的结果；⑥采样或测试时的操作条件。⑥ 此外，固定源主要设备的开停机、校准、维修、维护的

---

① CFR 第 40 卷第 64 章 "守法保证监测"（Compliance Assurance Monitoring）。

② 《清洁空气法》第 504 条（b）款。

③ 《清洁空气法》第 507 条（g）款。

④ 根据 CFR 第 40 卷第 75 章第 2 条（b）款的规定，"本章规定适用于遵守酸雨排放限值或二氧化硫或氮氧化物减排要求的受控单元"。

⑤ CFR 第 40 卷第 75 章 "连续排放监测"（Continuous Emission Monitoring）。

⑥ CFR 第 40 卷第 70 章第 6 条（a）（3）（ii）（A）款和第 71 章第 6 条（a）（3）（ii）（A）款。

时间、次数和原因，监测设备（尤其是连续监测设备）的运行状况以及所有设备的运行状况，尤其是未按许可证要求运行的异常情况等信息都必须记录在案。① 所有监测数据及相关支持信息必须至少保留五年，以备定期报告或审查所用。② 支持信息包括所有连续监测设备的校准和维修记录、原始带状图以及许可证要求的所有报告的副本。

（3）报告要求

固定源运行许可证要求固定源必须对日常运行状况和污染物排放情况进行定期报告，向监管机构提供守法证据。

报告（Reporting）通常分为常规报告和特殊情况报告。常规报告至少每6个月提交一次，特殊情况报告则必须及时提交。常规报告需要涵盖所有要求的监测内容以及所有偏离许可证要求的情况；特殊情况报告则必须详细说明事故发生原因、事故过程以及所采取的改正措施等内容。

特殊情况报告的"及时性"由监管机构根据事故类型、事故可能发生的概率及许可证相关要求进行评定。《美国联邦法规》③ 提供了"特殊情况报告提交时间表"作为参考，各州可在此基础上提出更为严格的报告要求（见表1-2）。

---

① CFR 第40卷第60章第7条（b）款规定，"固定源所有者或经营者应记录运行期间设施的状态信息，包括任何启动、关机或故障情况及持续时间，空气污染防治设备的任何故障情况，连续监测系统或监控设备异常工作的情况及持续时间"。

② CFR 第40卷第70章第6条（a）（3）（ii）（B）款和第71章第6条（a）（3）（ii）（B）款。

③ CFR 第40卷第71章第6条（a）（3）（iii）（B）款。

表 1 - 2　特殊情况报告提交时间

事故描述	报告提交时限
危险空气污染物（HAP）或有毒（Toxic）空气污染物排放超标一个小时以上	在事故发生后 24 小时之内提交
任何受控空气污染物的排放超标两个小时以上	在事故发生后 48 小时之内提交
所有其他偏离许可证要求的情况	事故报告必须包括在每 6 个月提交一次的常规报告中

资料来源：《美国联邦法规》（CFR）第 40 卷第 71 章第 6 条（a）（3）（iii）（B）款。

此外，固定源还需要遵守严格的个人责任制，所有提交的报告都必须由固定源指定的负责官员（通常为高层管理人员）① 进行签字认证，确保内容真实、准确且完整。当监管机构发现固定源实际运行情况与所提交的报告内容存在不符时，该负责官员也会面临连带处罚的风险。

2. 其他合规要求

除监测、记录保存和报告要求外，固定源运行许可证还应纳入检查和允许进入、合规计划表、进展报告和合规证明等合规要求。②

在出示法律要求的证件或其他文件后，固定源应当允许监管机构或授权代表进入与排放活动有关的场所，并开展相应检查活动，例如获取或复制许可证条件下必须保存的任何记录，检查许可证规定或要求的任

---

① 根据 CFR 第 40 卷第 70 章第 2 条，"负责官员"（Responsible Official）有如下定义：对于公司，负责人为公司总裁、书记、财务总管或负责主要业务的副总裁；对于合资企业或独资企业，负责人为合伙人或业主、所有者、经营者；对于市政府、州、联邦或其他公共机构，负责人为首席执行官或根据排名选出的官员；对于受控污染源，负责人为指定代表。

② CFR 第 40 卷第 70 章第 6 条（c）款和第 71 章第 6 条（c）款。

何设施、设备（包括监测设备和空气污染控制设备），取样或监测等，以确保其符合许可证的要求。①

此外，固定源需要至少每年向监管机构和美国环保局提交一次合规证明（Compliance Certification），说明本次合规证明期间每个许可证条款和条件的合规状态，以及为了实现合规所使用的任何方法或措施。②

（四）公众全过程参与，保障监督

公众可登录美国环保局网站获取运行许可证相关的所有信息，包括许可证申请书、改进方案、许可证、监测和合规报告（需要保护的商业秘密除外）。排污信息公开有助于公众监督企业排污状况，阻止违法行为。为进一步保障公众监管，美国制定了公民诉讼制度，规定任何人均可对违反环保法律的行为提起诉讼，而不要求与诉讼标的有直接利害关系。公民诉讼的被告有两类：一是违反环保法律的排污企业，二是享有管理权而不作为的执法管理机构。

例如，在排污许可证申请阶段，按照《清洁空气法》的相关规定，持证单位负责人提交的许可证申请和州、地方政府或者美国环保局编制的许可证草案都要向公众公开。对于许可证而言，其都有公众评议期，在此期间，任何人都可以就许可证申请书和许可证草案提出书面意见。美国环保局认为公众参与是审批程序非常重要的一个组成部分，公众和

---

① CFR 第 40 卷第 70 章第 6 条（c）（2）款和第 71 章第 6 条（c）（2）款。
② CFR 第 40 卷第 70 章第 6 条（c）（5）款和第 71 章第 6 条（c）（5）款。

其他感兴趣的团体、非政府组织等可以提供一些有价值的信息和建议来提高机构决议和许可证申请的质量。

二　对我国排污许可制度实施的启示

美国排污许可证后实施的经验启示如下。

一是严把发证质量关，重"质"非"量"，杜绝滥竽充数。在许可证申请核查阶段抓好细节，把好许可证的质量关，是实现证后监管和企业守法的先决条件。美国核发许可证是采用纸质文件审核和实地检查相结合的方式，从而保证了许可证内容的真实性、准确性、完整性和可靠性。在美国，排污并非企业的权利，如果企业需要排污，就必须申请许可证，但是并非意味着所有的企业都可以获得许可证。这也就启示我们，地方生态环境部门应该对申请排污许可证的企业的材料的真实性进行审查，对重点源排污许可申请材料进行实质审核，非重点源采用抽查的方式，并考虑逐步引入第三方审核。一方面可采用提早动员企业、深入企业交流、针对难点培训、树立行业标杆等方式，建立多方协作机制，把握发证质量；另一方面可发挥行业协会的作用，利用行业协会的平台和资源，组织技术力量对企业进行相关培训。

二是明晰各方责任和义务，保障政府和排污单位在各司其职时能够有据可依。"无规矩不成方圆"，此话同样适用于排污许可的证后管理工作。生态环境部门和排污单位同样需要一个"规矩"，这个"规矩"就是能够指导相应工作的法律、指南或计划。美国在《清洁空气法》和《清洁水法》（Clean Water Act，CWA）及配套法规中明确规定了政府的职责、企业的义务和公众的权利，提高了各方效率。美国还制定了非常完善的证后监管体系和操作指南，环保部门和排污单位只要按照指南的要求去做即可。

目前，某些地方生态环境部门存在"尽职免责"的疑虑，究其原因主要是生态环境部门的责任并未明确规定，造成了工作人员在工作上的顾虑，担心有违法的风险。美国经验启示我们：第一，在"排污许可管理条例"中详细规定排污单位必须承担的义务，进一步强化排污者责任；第二，统一发布"排污许可监督检查指南""固定源现场核查手册"，明确执法监管重点和现场核查频次等内容，对地方排污许可执法计划的制定提供指导；第三，每年由省级生态环境主管部门根据本省排污单位情况提交给生态环境部排污许可执法计划，市级生态环境主管部门根据该执法计划开展具体的执法监测、现场核查、台账记录以及执行报告审查工作，生态环境部负责全面审核和监督各项计划的实施。

三是科学裁定和量化罚则，提高执法有效性。罚款在排污许可执法中发挥着至关重要的作用，能够威慑违法者，确保受管制者受到公平、一致的对待，而不会使违法者因违法行为取得竞争上的优势。因此，如何科学地设定罚款金额是亟须解决的关键问题。美国环保局的科学处罚措施综合运用了威慑理论、行为理论和经济理论，根据违法者的违法动机设定威慑性罚款额，保证了违法者受到应有的惩罚。同时，美国环保局还开发了相关的模型来计算罚款，但是这些模型的应用并不会加大执法人员的负担，反而可操作性极强。反观我国，相关处罚的可操作性不强，缺乏对具体违法行为的处罚实践，排污企业的违法成本仍然较低，这降低了执法的有效性。应该制定"排污许可处罚细则"，说明排污许可各项违规情形及对应罚则，同时列明具体的罚款计算公式和相关模型，计算公式要考虑量罚适当和可操作性。

四是鼓励排污单位自行监管，降低执法压力。在强化排污单位主体责任时，也要加强相关"柔性激励"政策的制定，提高排污单位守法的积极性。通过"刚性约束"和"柔性激励"政策的实施，建立对排污单位日常环境行为约束与激励并重的调节机制。鼓励排污单位在环境保护主管部门开展执法行动之前，自行对违法行为进行上报和披露，并及时纠正不合规情况，防止类似情况再次发生。对满足要求、自行监管记录良好的排污单位提供处罚减免措施，包括减少罚款数额、不提起诉讼、降低报告频次等。

五是不断优化大数据平台，助力生态环境执法。排污许可执法也需要借助生态环境大数据和互联网平台的力量，利用大数据技术识别违法行为并对违法情况进行预警预测，实现执法精准化和高效化。目前，我国很多城市已经开发了移动端"扫一扫"功能，依靠任何一部手机，现场执法人员都能扫描许可证的唯一二维码，导出排污单位甚至每一个排污口的相关信息，但是这些信息还是过于笼统，不足以完全支撑现场执法。应该以排污许可证执行报告、监测数据报告和台账记录的信息为数据来源建立数据库。设计排污许可证信息库、数据库，联通现有的在线监测等多个平台的数据，系统可以自由输出与排污许可证信息有关的各类报表、数据、图形，辅助支持各业务部门的工作。在证后现场执法方面，将现行的排放标准等数据录入系统中，在系统中进行实时比对，执法人员当场即可做出合规与否的判定。

第二章 美国环境罚款与企业违法收益 挂钩经验及对我国的建议

提　要: 美国环保局基于威慑理论制定的罚款评估政策与企业违法收益挂钩, 并细化、量化了环境罚款, 是具有里程碑意义的政策。美国的环境罚款政策具有如下特点: 一是将"除去任何由于环境违法而获得的经济利益"作为核心内容; 二是充分考虑违法者的支付能力; 三是充分考虑利率、通货膨胀率等宏观经济因素的影响; 四是专门开发了方便快捷的定量计算违法企业不法经济利益的 BEN 模型以及定量计算支付能力的 ABEL 等模型; 五是制定和解制度以及配套的激励机制, 让违法企业心服口服, 主动做有益于环保的事务。

　　我国现行环境行政处罚大多为"数值式"和"倍率式"两类, 运用"没收违法所得"措施的极少, 未处理好守法成本、违法成本与违法所得之

间的量比关系。建议在未来的《环境保护法》和环境单行法修订中确定
"没收环境违法所得"的措施,细化"环境违法所得"的具体内容,并相应
修订《环境行政处罚办法》,引进美国 BEN 等模型工具,细化、量化罚款,
鼓励环境违法者自愿提出环境补偿计划和配套措施以取代部分罚款。

美国基于威慑理论的环境民事处罚政策充分考虑了企业违法收益、
细化、量化了罚款,规范了执法的自由裁量权,对威慑和遏制环境违法
行为、营造良好的守法环境发挥了非常重要的作用,[1] 被认为是美国环
境执法史上具有里程碑意义的政策,相关措施具有重要借鉴意义。

一　美国环境罚款的政策安排

经历了 20 世纪 70 年代的"环境十年",1981 年 1 月至 1983 年 3
月,美国的环境执法极端混乱、无序,被认为是一场灾难。当时的两个
美国环保局官员在法律审议中坦诚地讲,这几年国会将美国环保局视为
不愿或不能履行其环境保护授权的机构。这在一定程度上导致了当时的
美国环保局局长 Anne Gorsuch 引咎辞职,接任的 William D. Ruckelshaus
局长开始谋求大幅创新和改变。[2]

---

[1] 参见对现任美国环保局法律总顾问办公室官员 Steve、美国环境法研究所副总裁
John Pendergrass 等的访谈以及 Barnett M. Lawrence, EPA's Civil Penalty Policies:
Making the Penalty Fit the Violation (Environmental Law Reporter, 1992)。

[2] Joel A. Mintz, *Enforcement at the EPA: High Stakes and Hard Choices* (University of
Texas Press, Austin, 1995)。

在这样的背景下，美国环保局为加强执法，有效实现对环境违法企业的威慑以及合理维护公平的竞争环境，基于威慑理论制定了环境行政处罚政策，将环境违法企业由于违法而获得的经济利益等因素作为行政处罚的关键构成要素，并用定量模型计算。这些政策至今仍在发挥作用。

（一）理论基础

美国认为企业守法有三种类型：在任何情况下守法；在任何情况下不守法；处于观望状态，基于法律政策和执法情况决定守法与否。前两种类型的企业只占非常小的比例，绝大多数企业是第三种类型。为此，环境政策的安排主要是针对第三种类型的企业进而实现相应目标。《美国环境法》在制度设计与执行政策上，具体以威慑理论或威慑模型（Deterrence Model）[①] 为基础。

威慑理论主要是将如何除去行为人违法行为的诱惑作为考虑因素，并假定污染者为"理性行为人"或"理性污染者"。换句话说，就是污染者在决定是否采取某一行为时，通过计算此行为可能产生的利益与损失之后做出"理性选择"，而不考虑道德等非利益因素。此理论可用下面的公式表述：

$$E(NC) = S - pF$$

E（NC）：违法时不当利得的预期值；

---

① 张英磊：《由法经济学及比较法观点论环境罚款核科中不法利得因素之定位》，《中研院法学期刊》2013 年第 13 期。

S：违法可获得的利益；

p：被检查并处罚的概率（执法概率）；

F：预期处罚。

也就是说，行为人在决定是否违法或守法之时，会对不当利得减去可能受到的处罚（罚款金额乘以执法概率）进行考虑，如果其预期结果为正值，就会选择违法。或者说，企业是理性经济人，根据守法/违法行为的成本收益选择环境行为，其只有在守法收益大于违法成本的情况下才会遵守法律；反之，如果企业发现违法收益大于违法成本，那么就可能选择违法。

基于此理论模型，可得到如下结论：要除去违法诱惑，罚款金额必须超过违法可得的利益。因此，在政策设计时，必须以除去违法可得的利益作为罚款考虑的基线。

（二）一般通则政策安排

美国环保局关于民事处罚的一般通则政策安排，主要是 1984 年 2 月 16 日发布的两个政策文件①：《民事处罚总政策》② 与《民事处罚评估的具体方法框架》③。

《民事处罚总政策》指出，"允许违法者从违法行为中受益，是将守法者置于竞争的不利地位，而构成对他们的惩罚。因此，罚款应当至

---

① 参见 https：//www. epa. gov/enforcement/enforcement – policy – guidance – publications#models。

② Policy on Civil Penalties：EPA General Enforcement Policy #GM – 21.

③ A Framework for Statute-Specific Approaches to Penalty Assessments：Implementing EPA's Policy On Civil Penalties #GM – 22.

少收缴因为违法而产生的主要经济利益"。为此，该政策设定了处罚的三个目标：威慑、公平公正、环境问题的快速解决。威慑有两种：具体威慑（说服违法者不要进一步违法）与一般威慑（说服其他人或企业不要违法）。为达到威慑的目的，民事处罚不仅仅限于恢复经济利益，还包括根据违法的严重程度或者损害程度进行处罚，以确保违法者远远比守法者经济情况更糟糕。为实现公平公正目标，初步罚款数据值基于任性和/或疏忽程度、非遵约历史、支付能力、合作程度等因素进行增加或降低的调整。这些初始的罚款数据要在和解谈判之前进行调整。在法庭审判中，该数据是美国环保局的首要和解目标。为实现惩罚评估、迅速解决环境问题的目标，美国环保局寻求两种和解途径：第一，美国环保局提供和解的激励机制，包括减少对那些在诉讼开始之前已经建立补救措施的违法者的处罚；第二，通过增加初步罚款数据对遵约滞后的违法者进行打击。

作为同一天被发布的《民事处罚总政策》的配套文件，《民事处罚评估的具体方法框架》旨在提供如何编写用户特定方案政策惩罚评估的指南，以确保总政策可以被一致实施。《民事处罚评估的具体方法框架》的第一部分为制定具体方案提供了一般准则；第二部分包含详细的附录，是指南制定的依据。除了几个特例外①，《民事处罚总政策》适用于所有环境单行法。

此外，美国环保局还制定了几个具体的指南和规则，包括 1984 年

---

① 因某些类型案件的民事处罚相关的问题特殊，故本政策不适用于以下领域：《综合性环境反应、赔偿与责任法案》第 107 节相关规定；《清洁水法》第 311 条（f）款和（g）款；《清洁空气法》第 120 条。

11 月发布的《计算不守法经济收益行政处罚评估指南》①、1986 年 12 月发布的《确定违法者支付行政处罚能力指南》②、1995 年 12 月发布的《用于诉讼中的处罚政策指南》③、2016 年后每年发布的《罚款通货膨胀调整规则》④。

（三）具体环境法律中的政策安排

美国的《清洁空气法》、《清洁水法》、《资源保护和恢复法》（RCRA）、《综合环境响应、赔偿和责任法》（CERCLA）、《紧急规划和社区知情权法》（EPCRA）、《有毒物质控制法》（TSCA）、《安全饮用水法》（SDWA）、《石油污染法》（OPA）等法律都明确有民事处罚的规定。

在总政策的规定下，每一种法规又有自己的处罚制度（Penalty Policies），尽管重点针对经济利益（Economic Benefit）及违法严重性（Gravity）进行考虑，但不同的法律对这两项因素有不同比重的要求。

下面以《清洁空气法》《清洁水法》为例具体进行说明。

1. 《清洁空气法》中关于民事处罚的规定

《清洁空气法》§113 关于固定源民事处罚做出了规定。§113（b）民事司法规定了固定源处罚评估标准：处罚额度要考虑企业规模、处罚对企业的经济影响、违法者的守法历史情况、非遵约的经济收益、违法

---

① Guidance on Calculating the Economic Benefit of Noncompliance for a Civil Penalty Assessment.

② Guidance on Determining a Violator's Ability to Pay a Civil Penalty.

③ Guidance on Use of Penalty Policies in Administrative Litigation.

④ Penalty Inflation Rule Adjustments.

的严重程度、相同违法行为先前违法的支付情况、违法时长等。§113
（d）规定行政处罚评估标准与民事司法类似。§113（e）定义了适用
惩罚的违法天数。

2.《清洁水法》中关于民事处罚的规定

《清洁水法》§309（d）民事司法规定了处罚评估标准：处罚额度
要考虑违法的严重程度、由于违法而获得的经济收益、违法历史、处罚
对企业的经济影响、因不守法而获得的经济利益等。

二 美国环境罚款政策的主要内容

美国环境罚款政策包括三个部分：经济利益部分、严重性部分、调
整因素部分。

（一）经济利益部分

经济利益部分旨在除去任何由于环境违法而获得的经济收益。经济
利益部分的具体内容包括：由于延迟成本而带来的利益（Delayed
Cost）、由于非遵约而规避成本带来的利益①、由于违法而产生的竞争优
势所获利润。

1. 延迟成本从而节约支出的违规行为

·未安装满足排放控制标准所需的设备；

————————

① U. S. EPA, A Framework for Statute-specific Approaches to Penalty Assessments：
Implementing EPA's Policy on Civil Penalties, Elr Admin. Materials 35073, Feb. 16,
1984.

·未做到消除产品中或废液中污染物所需的工艺变化;

·为确保达到合规要求必须进行的产品测试违规;

·需进行合规妥善处理的情况下,处置不当;

·需进行合规合理储存的情况下,储存不当;

·在可能获得排放许可的情况下,未能获得必要的排放许可(虽然许多方案的规避成本可以忽略不计,但有些方案的许可证程序可能很昂贵)。

2. 规避成本带来利益的相关行为

·设备未安装从而节约操作和维护成本;

·未能正确操作和维护现有的控制设备;

·未雇用足够数量的训练有素的工作人员;

·未能按照法规或许可建立或遵守预防措施;

·在商业储存空间可用情况下,储存不当;

·无法进行再次处理或清理的情况下,处置不当;

·通过移除污染处理设备节省加工、操作或维护成本;

·未能进行必要的测试。

3. 由于违法而获得的竞争优势所获利润

在某些情况下,违法者通过不合规行为提供无法在别处获得的或对消费者更具吸引力的商品或服务。此类违规的例子包括以下方面。

·销售违禁品;

·销售用于违禁途径的产品;

·销售未按要求张贴标签或警告的产品;

·移除或改造收费的污染控制设备(例如擅自改动汽车尾气排放

控制）；

·销售未经所需监管许可（如美国《有毒物质控制法》下的农药登记或预生产通知）的产品。

4. 罚款金额低于经济利益

如上所述，罚款金额如果没有抵销不合规行为带来的经济利益将助长未合规的相关方的违规行为。为避免此情况发生，美国环保局通过分析计算上述情况，确定的罚款金额通常不低于违规行为带来的经济利益。但是，也有罚款低于经济利益的情况发生，如以下情况。

第一，经济利益部分金额很小，不足 1 万美元，在这样的情况下，美国环保局就可以行使自由裁量权。

第二，案件受到强烈的公众关注，多采取和解的方式。如果对案件进行审判，那么创造先例的风险非常大，将对美国环保局执法或清理污染的能力产生重大不利影响，在这种情况下，可能有必要以罚款低于经济利益部分的方式和解案件，但仅限于在绝对有必要保护其抵销的公共利益的情况下才可以使用。或者抵销经济利益将导致工厂关闭、破产或其他极端的财务负担，且允许该公司继续经营能带来重要的公共利益。值得注意的是，此减免不适用于企业无论如何都有可能关闭的情况，或者有害的不合规行为将持续发生的情况。这种情况一般都要谨慎使用。

第三，诉讼不具可行性。对于某些案件，由于适用的前例、相互竞争的公共利益因素或与特定案件有关的特殊事实、权益或证据问题，美国环保局难以在诉讼中追讨经济利益。在这种情况下，期望在诉讼中获得罚金并抵销经济利益是不现实的，所以案件调查组可能会考虑较低的罚款金额。

但在美国环保局决定罚款低于经济利益的任何个案中，案件调查组必须在案件档案及和解协议附带的任何备忘录中详述其理由。

（二）严重性部分

美国环保局建立了量化严重性部分的方法，并缩小各方案之间的差异。

1. 量化违规行为的严重性

虽然指定一个数额以表示违规的严重性本质上是一个主观的过程，但在大多数案件中，对于不同的违规行为，都可以对其情节的相对严重程度进行较为准确的赋值。通过参考具体监管方案的目标和特定违规行为的事实，便可对其进行赋值。因此，将严重性部分的数额与这些客观因素相结合，有助于确保违规行为相近的违法者得到同样的处罚。这种方法也有助于迅速解决环境问题。

美国环保局建立了一套违规行为严重程度量化的客观指标：①违规行为发生时固有的损害风险；②违规行为造成的实际损害。在某些案件中，潜在的损害风险的严重程度将远超过实际损害的严重程度。

2. 严重性因素

在量化违规行为的严重程度时，美国环保局根据行为严重程度对不同类型的违规行为进行分级，分级考虑以下因素。

·实际或可能造成的损害：该因素的重点在于被告的活动是否（以及在何种程度上）实际产生或可能导致违规的污染物排放或

暴露。

·监管体系的重要性：该因素的重点在于监管要求对实现法律法规目标的重要程度。例如，如果安全标识是防止相关人员暴露在化学品下的唯一方法，那么对于未能放置安全标识的违规行为，应处以相对较高的罚款。

·其他来源信息的可用性：违反任何记录或报告要求的行为是极为严重的违规行为。如果美国环保局有随时可用且价格较低的必要信息来源，则罚款金额可能较低。

·违规企业的规模：对于某些案件，若鉴于违规行为造成的潜在的损害风险而对违法者的处罚较轻时，则应该增加罚款中严重性部分的比例。本因素仅在不考虑其他因素影响的前提下才可使用。

对上述第一个严重性因素（即违规行为导致的风险或实际损害）进行评估是一个复杂的过程。为了根据严重程度对违规行为进行分级，可能要基于某些考虑因素对某一类违规行为进行区分，这些考虑因素包括以下方面。

·污染物的量：根据监管方案和污染物特征，可以对污染物浓度进行调整。调整可以不必是线性的，尤其是在低浓度的污染物可能有害的情况下。

·污染物的毒性：涉及剧毒污染物的违规行为其严重性更高，应该处以相对较高的罚款。

·环境敏感性：此因素关注违规行为的地理位置。例如，违规排放污染物到饮用水取水口或休闲海滩附近的水域，通常比排放到远离此类用途的水域更严重。

·违规行为持续的时间：大多数情况下，违规行为持续的时间越长，造成的损害风险就越大。

（三）调整因素部分

防止违法者从违法行为中获益仅是罚款实现应有功能的必要条件而非重复条件。为了更好地实现罚款的威慑功能，确保实现让违法者不愿重复违法行为的效果，让那些本来可能违法的人因为担心罚款的损失而打消这一念头，还需要在罚款基数基础上进行调整。美国环保局基于谈判开始后的发展情况进一步调整初步的罚款目标值，主要考虑的因素包括：违法者的支付能力（一定程度上在计算初始目标值中未考虑）、合作和不合作程度、不合规历史、是否诉讼、替代支付方案、违规者或案件特有的其他特殊情况（包括案例的严重程度、公众关注）等。

美国环保局在决定处罚额度时，会考虑违法者是否有能力支付罚金，但通常是留给违法者来提出这个问题，并依据其提出的特定文件来确定是否确实无支付能力。

另外，美国环保局还要考虑案件是否涉及法律或证据的争议，在其他案中有无就相似争议案件的裁决记录等，作为决定罚款额度或协商和解的筹码，或是参考其他情况下所定的公开声明与立场的文件等。

需要指出的是，并非每一个案件都全部考虑上述所有三个因素，要根据案件具体情况确定，也可能只考虑 1~2 个因素。无论如何，一般不能将罚款金额降低到少于违法所得收益。如果罚款金额低于违法所得收益，需要在案卷中说明原因。

三　美国环境罚款政策的实施程序

美国环保局制定了环境罚款政策的一般实施程序，在此基础上，各州也根据自己的情况制定了各自的实施程序。

（一）美国环境行政处罚政策的一般实施程序

美国环保局评估处罚的程序分三步：第一步，计算初步罚款金额，初步罚款金额由经济利益部分和严重性部分相加；第二步，调整因素，产生最初的处罚目标额；第三步，产生调整后的处罚目标额。美国环保局与企业和解谈判开始后初步处罚目标数额的调整，考虑因素包括：支付能力（在计算初始惩罚目标时未考虑的范围内）、重新评估用于计算初始惩罚目标的调整、重新评估初步威慑金额，以反映原始计算中未反映的持续不合规、在诉讼开始前商定的替代性支付。

上述结构如图 2 - 1 所示。

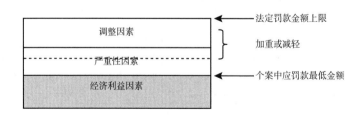

图 2 - 1　美国环保局环境罚款计算的考虑因素

资料来源：张英磊：《由法经济学及比较法观点论环境罚款核科中不法利得因素之定位》，《中研院法学期刊》2013 年第 13 期。

（二）加州水污染行政处罚政策的实施程序

根据加州水质执法政策（Water Quality Enforcement Policy）2010 年版，水污染行政处罚的计算步骤如下。

步骤一：违规排放的潜在危害程度（Potential for Harm for Discharge Violations）。

根据违规的范围及程度、毒性，以及清理或分解难易程度，如排放物，排放量，承受水体的敏感度，对水质、水栖生物及人体健康的影响，来界定因子 1（0~5）、因子 2（0~4）、因子 3（0 或 1），三者合计最后积分，作为潜在危害值。

步骤二：排放违规评估（Per Gallon and Per Day Assessments for Discharge Violations）。

根据步骤一计算的潜在危害值及三种违规程度，包括轻度、中度及重度，计算出排放污染物的参数（见表 2 - 1）。

表 2 - 1　每加仑或每天排放污染物的参数

程度	伤害潜力									
	1	2	3	4	5	6	7	8	9	10
轻度	0.005	0.007	0.009	0.011	0.060	0.080	0.100	0.250	0.300	0.350
中度	0.007	0.010	0.013	0.016	0.100	0.150	0.200	0.400	0.500	0.600
重度	0.010	0.015	0.020	0.025	0.150	0.220	0.310	0.600	0.800	1.000

步骤三：非排放违规评估（Per Day Assessments for Non-Discharge Violations）。

如果不属于排放污染物所造成的违规，那么就以违规天数来计算因子调整罚款。

步骤四：调整因子（Adjustment Factors）。

违规调整因子包括针对违规行为的配合度，同一行为违反很多法条的调整及同一行为持续很多天的调整。其中针对违规行为的配合度考虑罪责因素、清理及配合因素、违规记录因素三种，具体如下。

CF1 = 罪责因素（Culpability Factor），属故意或非故意犯罪，调整系数建议为 0.5 ~ 1.5；

CF2 = 清理及配合因素（Cleanup and Cooperation Factor），对于后续自行清理及改善的配合度，调整系数建议为 0.75 ~ 1.5；

CF3 = 违规记录因素（History of Violations Factor），最小调整系数建议为 1.1。

而针对同一行为持续很多天的调整，如命违规者限期提送监测报告书，而两年内未报送，若以天数计算，则其裁罚的金额过大，故在特定条件下，计算复数天。计算方式是从第 1 天起当作第 1 日，每 5 天当作 1 日，超过 30 天后，每 30 天当作 1 日，换言之，第 5 天当作第 2 日，第 60 天为第 8 日，以此类推。

步骤五：计算基本总额（Total Base Liability Amount）。

基本额度为上述步骤计算结果的加总，且可依违规天数等同时计算。

步骤六：考虑支付能力（Ability to Pay and Ability to Continue in Business）。

步骤七：其他考虑因素。

如果有污染者或政府提出更新且可作为调整罚款金额计算的证据资

料时，或者根据环境公平原则对特定族群产生重大冲击时，或与过去类似案例的罚款金额比较明显不合理时，可予以调整。

步骤八：经济利益（Economic Benefit）。

依据违规所得经济利益，计算延迟或规避污染控制设施的所得利益，再以美国环保局所开发的 BEN 模型换算限值。

步骤九：最高及最低额度（Maximum and Minimum Liability Amounts）。

在罚款书中描述最高及最低额度。

步骤十：最终计算结果。

以上所提的参数，先由政府相关部门计算。将参数代入，即可初步算出罚款范围。

四　美国环境罚款的模型工具

为了快速计算企业违法而获得的经济利益及支付能力，方便环境执法，美国环保局在制定《计算不守法经济利益行政处罚评估指南》等专门政策①的同时，还开发了一系列罚款计算模型。目前有五个模型：一个是 BEN 模型（Economic Benefit 的简称），用于计算经济收益现值（Present Value）；另外四个用于计算不同主体的支付能力。美国环保局每年对所有五个模型定期进行修订，修订的主要内容包括一些金融信息，例如当前税率、通货膨胀率、折现率以及设施改进信息等。

---

① U. S. EPA, "Guidance for Calculating the Economic Benefit of Noncompliance for a Civil Penalty Assessment," ELR Admin. Materials 35085, Nov. 5, 1984.

（一）BEN 模型

BEN 模型是美国环境罚款政策中一项有力且有效的工具。BEN 模型由美国环保局于 20 世纪 80 年代通过政府采购委托一家公司开发，后广泛征求学界和公众等各方面的意见，几经修订完善。目前所使用的 BEN 模型是 5.8 版本，现已被翻译成西班牙文等其他语言，在一些拉美国家应用。

BEN 模型经济利益计算的目的是将违法者放置在相同的经济水平下进行处罚，即涵盖违法者在违法期间所获得的各项经济利益，以达到有效处罚的目标。BEN 模型的计算内容是行政处罚中的第一部分——经济利益部分，即用此模型计算违法者在延迟或避免污染控制支出等的非遵约中获得的经济利益。BEN 模型计算出的罚款额既可作为美国环保局处罚的依据，也可作为后续与违法者谈判的依据或和解方案。《计算不守法经济利益行政处罚评估指南》规定，美国环保局执法人员在应用"拇指法则"评估不守法经济利益大于 1 万美元或者违法者拒绝"拇指法则"计算结果的情况下应使用 BEN 模型计算。

1. BEN 模型的结构

BEN 模型计算的经济利益是指因延迟或避免相关环境支出所获得的利益现值。模型考虑的主要因素包括：①资本投资（Capital Investments）；②一次性支出（One-time Non-depreciable Expenditures）；③年循环性支出（Annually Recurring Costs）。其他还包括违法者的商业性质、守法或者违法的持续时间、支付罚款的时间等。

（1）资本投资

资本投资包含所有为能符合环保相关法规政策的可折旧的投资设备，也就是各项污染控制的建筑或设施，例如空气污染防治设备、废水处理设备、地下水监测设备等，而且包括设备的设计、安装及购买等的支出。另外，还要考虑设备的使用年限及更新周期。

（2）一次性支出

一次性支出是指一次且非折旧性的环境支出，例如土地购买、监测记录系统购置、非法弃置废弃物的清除、有害废弃物场址的土壤处理、员工的初始训练费用等。

（3）年循环性支出

年循环性支出是指污染防治设备运行维护相关费用，例如电费、水费、材料费、每年设备更新费用、员工培训费用等。

现值计算所考虑的因子包括：所得税（Income Tax）、利率（Interest Rate）及通货膨胀（Inflation）。

2. BEN 模型的计算流程和数据需求

BEN 模型的逻辑及计算流程包括：①描述合法行为（Describe Compliance Action），也就是违法者用什么措施实现环境法规的规定，并决定相对应的支出；②决定应支出类型（Type of Expenditure），包括基本投资、一次性支出及年循环性支出；③决定支出金额（Cost），由专家或专门技术人员根据违法者的相关资料评估上述支出所需花费的金额；④估计支出的时间（Date Cost was Estimated），由违法的日期时间估算到合法的日期时间，用以评估经济利益之时间现值及波动影响。

BEN 模型运转所需数据包括：违法发生的日期、遵约日期、遵约成本、评估成本的年份、支付罚款日。

（二）其他经济模型

除了计算经济利益的 BEN 模型外，美国环保局还开发了其他四个经济模型，用于定量计算罚款。

1. ABEL 模型（6.8.0）

ABEL 模型（6.8.0）用于评估一个公司或其合作伙伴支付守法成本、清理成本或罚金的能力。该模型需要提交的数据是一个企业或主体 3～5 年的联邦纳税申报单，据此就可得出公司基本财务和未来现金流的状况。

2. INDIPAY 模型（3.8.0）

INDIPAY 模型（3.8.0）用于评估个人支付守法成本、清理成本或罚金的能力。该模型需要提交一份金融数据需求表，提交的数据是一个企业或主体 1～5 年的联邦纳税申报单。

3. MUNIPAY 模型（4.8.0）

MUNIPAY 模型（4.8.0）用于评估一个市政府或区域支付守法成本、清理成本或罚金的能力。该模型需要提交金融数据需求表。

4. PROJECT 模型（6.8.0）

PROJECT 模型（6.8.0）用于计算违法被告提出的补充环境项目（SEP）的真实成本。

五 美国环境罚款案例

（一）企业的环境违法情况描述

A 公司使用自己的燃煤锅炉生产能源及维持各种生产活动，这些锅炉主要排放二氧化硫。《州实施计划》（SIP）规定每个锅炉的二氧化硫排放量不超过 0.68 磅/百万英热单位（BTU）。美国环保局于 1989 年 3 月 19 日检查了这些锅炉，发现每个锅炉的二氧化硫排放速率为 3.15 磅/百万英热单位。1989 年 4 月 10 日，美国环保局向该公司发布了违反二氧化硫排放行为的违规通知。1989 年 6 月 2 日，美国环保局再次检查 A 公司，发现其锅炉的二氧化硫排放速率仍保持原有水平。尽管州空气污染控制机构的工作人员联系并通知了 A 公司，要求其遵守《州空气污染条例》，但 A 公司从未在锅炉上安装任何控制污染设备。该州早在 1988 年 9 月 1 日就发布了有关同一锅炉违反二氧化硫排放规定的行政命令。该命令要求违规者遵循适用条例，但 A 公司从未遵循这一命令。该公司对美国环保局第 114 条要求提供相关信息的回应，可证明该公司于 1988 年 7 月 1 日首次违反了排放标准。

（二）罚款计算

1. 经济收益部分

美国环保局使用 BEN 模型计算经济收益部分，模型计算的经济利益部分是 243500 美元。

2. 严重性部分

（1）关于实际或可能造成的损害

污染物排放量：超过标准的 360% ~ 390%——65000 美元。

污染物毒性：不适用。

环境敏感度：不适当地区——10000 美元。

违规持续时间：从 1988 年 7 月 1 日首次可证实的违规日期开始，到判决的最后接受日期（即 1991 年 12 月 1 日）结束（如果合意判决或判决命令晚于此日期发布，此因素和其他因素需要重新计算），共计 41 个月——40000 美元。

（2）关于监管方案的重要性

无适用的违规行为。

（3）关于违规者业务规模

净值 5000 ~ 760000 美元。

3. 调整因素

（1）关于任性程度或过失程度

虽然 A 公司已经注意到自己的违规行为，但仍旧忽视要求其遵守适用规定的州行政命令。因此，该案例的严重性部分应基于这一因素加重几个百分点。

（2）关于合作程度

此类未做任何调整，因为 A 公司未达到该标准。

（3）关于不合规历史

该因素会加重严重性部分，因为 A 公司违反了州命令关于该违规行为的规定。

　　结果：经济利益部分的 243500 美元 + 严重性部分的 120000 美元 = 363500 美元的初步处罚金额，加上因不合规历史和任性程度或过失程度产生的调整。

六　美国环境罚款的特点分析

　　美国的行政处罚政策既与企业的经济利益密切挂钩，有效起到威慑效果，又减少了自由裁量权的滥用①，获得广泛认可，国会很多议员都对该政策表示支持，专业技术人员也对此充分认可。其实现途径和特点分析如下。

（一）环境罚款充分考虑违法企业的不当利得

　　美国环保局利用威慑理论，明确将由于违法而获得的经济利益纳入罚款，充分实现"违法成本高"。该政策主要有两方面的特征：一是充分考虑违法企业的违法经济利益，包括由于延迟成本而带来的利益、由于非遵约而规避成本带来的利益以及由于违法而获得的竞争优势所获利

---

　　① 《美国环境法》规定，任何一个环境违法案件每天的行政处罚额度不能超过 2.5 万美元。尽管有此"天花板"，而且一些环境法规也设置了一些行政处罚的一般性标准，但是，在实际执行中很难达到最大额。例如：有记录记载某企业一年违法排污，如按照每天 2.5 万美元处罚，一年 365 天的处罚应该是 900 万美元（2.5 万美元/天 × 365 天 = 912.5 万美元），但实际处罚很难达到此额度，这样的处罚一般仅限于短期的严重违法。因此，美国环保局及其州等地方环保部门在执法时有很大的自由裁量权。

润，具体包括各类细项，总之就是要通过考虑各种成本和因素最终除去违法企业任何由于环境违法而获得的经济收益；二是违法企业的不当利得计算充分考虑宏观经济指标，对违法企业违法所获经济利益的考虑是动态的现值，而非固定值。从 1997 年开始美国环保局充分考虑经济变动因素，例如税率、利率、物价、通货膨胀率等。自 2016 年起①，美国环保局每年对通货膨胀率等指标进行修订，以确保罚款金额贴现实、"无水分"。例如，根据《清洁水法》，1997 年之前每天罚款最大额度为2.5 万美元，考虑 10% 的通货膨胀率，1997 年之后每天罚款额度就为最高 2.75 万美元。②

（二）环境罚款充分考虑违法企业的支付能力

美国环保局细化罚款额度，充分考虑违法企业的经济状况和支付能力，并将其作为罚款的调整因素。在特定情况下，环保局需要在衡量相对人的支付能力的基础上将罚款降低到合理的水平，尽可能避免罚款超过违法企业的支付能力，既不令违法企业由此而破产或关门，使环保背黑锅，也要"打蛇七寸"，打到其痛处，充分起到威慑作用。为确保定量客观评估违法企业的支付能力，美国环保局还针对公司、个人、市政等不同主体分别开发了 ABEL 模型、INDIPAY 模型、MUNIPAY 模型三个不同的支付能力定量测算模型。

---

① 2016 年之前是四年左右调整一次。

② Modifications to EPA Penalty Policies to Implement the Civil Monetary Penalty Inflation Rule (Pursuant to the Debt Collection Improvement Act of 1996), https://www.epa.gov/sites/production/files/2014-01/documents/penpol.pdf.

（三）保持环境罚款的一致性，减少自由裁量权

对类似案件处以类似的罚金对于保证美国环保局执法工作的可信度以及实现公平待遇目标至关重要。美国环保局建立了几种提高一致性的机制：一是 1990 年 8 月 9 日颁布了《关于在环保局执法行动中记录罚款计算和理由的指南》，完整描述每项罚金的制定方法，每个案例文件必须按照该描述涵盖初步威慑金额的计算方法和调整方法，同时还应包括调整的各种事实和理由；二是采用系统的模型定量方法计算罚金的利益部分和严重性部分，两者共同构成初始威慑金额；三是专门规定了如何统一使用调整因素，以便在开始和解谈判之前确定初始金额，或在谈判开始后确定调整金额。

（四）运用用户友好的 BEN 模型工具计算经济利益

BEN 模型，政府和污染企业都接受，使用 BEN 模型计算罚款数额方便快捷。其有以下几项优点：一是容易获得，在美国环保局网站，任何人任何单位都可以免费下载、免费使用，只要是 Windows 操作系统即可操作；二是 BEN 模型并不要求执法人员去开展经济研究，没有经济学知识的人也很容易操作，BEN 模型运转所需数据包括违法发生的日期、遵约日期、遵约成本、评估成本的年份、支付罚款日等有限几项数据；三是 BNE 模型运转所需时间很短，通过与美国环保局官员及咨询公司相关人员交谈得知，通常一个案例计算时间只需 1 ~ 2 分钟，最长也不超过 2 小时；四是 BEN 模型最终输出结果即是初始的罚款数值，该数值一般被美国环保局采用，并应用在行政和司法辩护程序中；五是 BEN 模型允许违法企业与环境部门合作提供与违法相关的实际的金融数据。

（五）建立环境行政处罚的和解程序和制度

据美国环保局介绍，除非案件特别情况，污染企业和环保局一般都不愿最终以耗时耗力的司法形式结案（一般少则几年，多则十几年），美国90％以上的案件都最终通过和解方式结案。例如，美国环保局在做出处罚后可以与企业签订和解协议，以补充环境项目为条件减少一定的经济处罚。这既能确保经济处罚的威慑功能，又可以缓解执法者与企业的对立紧张关系，有利于实现环境治理或改善的执法目标。每项立法均针对常规和解规定了书面处罚政策。美国环保局制定了替代性纠纷解决程序。为促进和解，美国环保局还制定了一些减轻处罚的政策，包括补充环境项目（SEP）、小企业守法政策、地方小政府守法援助政策等。另外，美国环保局还制定了快速和解协定（Expedited Settlement Agreements，ESA），针对裁罚金额5000美元以下的轻微违法案件，提供有效、快速的处理方式，特别是以表单确认（Checklist）的方案，这样可以使稽查员及律师快速完成案件的后续裁处。

七　我国环境罚款的现状和存在的问题

我国2015年开始实施的《环境保护法》及其他相关单行法律较以前在行政处罚上有很大进展，例如引入"按日计罚"等措施，但还不够细化，且缺乏量化，对违法企业的威慑力仍显不够。具体问题包括以下方面。

（一）环境罚款很大程度上未考虑不法利益等经济因素

我国《行政处罚法》第八条独立设置了"罚款"和"没收违法所得"两种行政处罚类型。但我国现行环境行政处罚运用"没收违法所得"较少，除核与辐射立法之外只有 14 个条款，其中《大气污染防治法》6 个，《土壤污染防治法》4 个，《固体废物污染环境防治法》、《循环经济促进法》、《废弃电器电子产品回收处理管理条例》和《自然保护区条例》各 1 个。即使这些法律里面有，但也只是在特别情况下的个别规定，没有真正涉及不法经济利益。而《环境保护法》和《水污染防治法》里都没有提及。

根据罚款数额设定方式的不同，我国的环境行政罚款大多为"数值式"和"倍率式"两类，它们都未能反映或精确反映出不法利益等经济因素。"数值式"罚款①固定的数额上限无法保证违法成本高于守法成本或违法收益，也难以适应市场价值的指数变化。② "倍率式"罚款③虽然在一定程度上考虑了罚款数额与违法行为危害或不法利益之间的关系，但仍无法涵盖其消极的守法成本，如未设置污染处理

① "数值式"罚款是指以金钱数额明确规定罚款的上下限或上限，如《水污染防治法》第 85 条第 2 款、《大气污染防治法》第 99 条。

② 有学者解释道："建设项目的大气污染防治设施没有建成或者没有达到国家有关建设项目环境保护管理的规定的要求，投入生产或者使用的……可以并处 1 万元以上 10 万元以下罚款。而一个铜冶炼厂，要建设起符合规定要求的大气污染防治设施至少也要几百万元，甚至上千万元投资。而且一个中型的铜冶炼厂生产一天就可以得到几万元甚至几十万元的利润……显然违法要比守法合算得多。"参见王灿发《环境违法成本低之原因和改变途径探讨》，《环境保护》2005 年第 9 期。现行《环境影响评价法》和《建设项目环境保护管理条例》已修改。

③ "倍率式"罚款是指以某一基准的特定倍数作为罚款的上下限或上限。

设备或无证排污所节省的费用。从我国污染防治和自然资源保护领域的 17 部基础性法律来看，"倍率式"罚款基准主要包括"污染事故造成的直接损失""受损资源环境市场价值""受损资源环境年平均产值""受损企业经济损失额""代为处置费用""排污费金额"等。但从罚款数额的设定来看，现行的环境行政罚款在很大程度上仍未将相对人所获的不法利益纳入其中，未处理好守法成本、违法成本与违法所得之间的量比关系，更不用说不法利益涉及的其他变量。

2010 年 1 月 19 日，环境保护部令第 8 号公布的《环境行政处罚办法》也没有涉及经济利益或不法利益的相关内容。

（二）环境罚款自由裁量权规范量化不足

根据国家依法行政要求，2009 年环境保护部发布了《规范环境行政处罚自由裁量权若干意见》（环发〔2009〕24 号）和《主要环境违法行为行政处罚自由裁量权细化参考指南》（环办〔2009〕107 号），指导地方生态环境执法，地方也出台了规范自由裁量权的具体规定。但是裁量行政处罚依据的主要考虑因素中很少涉及经济利益，基准量化也不足。

值得一提的是，其他领域在规范自由裁量权方面已经有了很好的经验。例如四川巴中公安局研发了行政处罚自动裁量系统，实现了对《治安管理处罚法》管辖的 151 个案件自动裁量、量罚一致的目标，成功解决了自由裁量空间过大、选择性处罚缺乏标准、关系案难以有效监督、民警执法随意性产生微腐败四大问题，将行政案件量罚权力关进了制度的笼子。该系统自 2016 年 8 月测试运行以来，所办结的案件无申诉投诉，无复议结果被变更。①

（三）"按日连续计罚"等环境行政处罚威慑力度仍不足

我国 2015 年实施的《环境保护法》引入的"按日计罚"被认为是"锋利的牙齿"。但是，"按日计罚"不是针对所有排污企业，仅适用于被责令改正而拒不改正的企业；虽然罚款额没有直接封顶，但要通过与水、气等环境保护单行法的具体处罚条款结合才能具体实施；而单行法十几年没改，考虑通货膨胀因素，处罚力度是严重下降的。② 中国人民大学发布的《新〈环境保护法〉四个配套办法实施与适用评估报告 (2016)》显示，使用"按日计罚"的案件在 2016 年所有案件中的比例只有 4% 左右，作为第三方进行评估的中国政法大学新《环境保护法》实施效果评估课题组也得出了同样的结论。③ 根据以上情况，可以说目前我国环境行政处罚的威慑力仍然不足。

（四）环境处罚和解制度尚未建立

我国《行政处罚法》的规定中已有行政处罚和解制度的雏形，如听证程序中，行政相对人享有的陈诉、申辩权，其实就是行政处罚和解制度的缩影、表现形式。

---

① 马利民、谭明洎：《巴中公安研发行政处罚自动裁量系统》，《法制日报》2018 年 10 月 30 日，第 3 版。
② 《屡罚屡犯是否一去不复返》，《中国环境报》2014 年 5 月 14 日。
③ 参见 http://guba.eastmoney.com/news，cjpl，632406410.html。

证券期货领域探索建立了行政处罚和解制度，开展了行政处罚和解试点，并取得了良好效果。2013 年《国务院办公厅关于进一步加强资本市场中小投资者合法权益保护工作的意见》（国办发〔2013〕110 号）提出"探索建立证券期货领域行政和解制度，开展行政和解试点"。据此，证监会制定了《行政和解试点实施办法》，在证券监管领域试行行政和解制度。实践证明，行政处罚和解有三大功能：一是有利于提高行政执法效率；二是有利于促进市场秩序恢复；三是有利于促进惩处违法与保护投资者利益之间的平衡。[1]

就环境行政处罚而言，我国环境行政违法和行政处罚案件数量居高不下，存在环境违法者被严惩重罚但是环境污染受害者得不到补偿的情况，还尚未制定专门的环境执法和解制度，目前生态环境部实施的《环境行政处罚办法》没有任何关于和解的规定。[2]

八　对策建议

（一）环境法律和政策中增加"没收违法所得"相关规定

建议根据我国《行政处罚法》中"没收违法所得"相关规定，在未来的环境法律法规修订中将"没收违法所得"列入，并具体规定违法企业违法所获得的经济利益类型标准等。具体建议：一是在

---

[1] 张苏昱、张冉、李晶：《行政和解：证券行政执法新尝试》，《人民日报》2018 年 8 月 14 日，第 7 版。

[2] 参见 https://baike.so.com/doc/7504502-7776533.html。

未来的《环境保护法》修订以及《水污染防治法》有关单行法修订中，增加规定"没收违法所得"，或者将违法企业所获得的经济利益纳入作为设定罚款的主要原则和内容，可表述为"当事人有违法所得或因违法行为而节省经济成本，且金额显著超过法定最高罚款幅度的，环境保护主管部门应当在其违法所得或节省成本的范围内加重处罚，不受最高罚款幅度的限制"。二是修订 2010 年 1 月 19 日环境保护部令第 8 号《环境行政处罚办法》，将违法企业所获得的经济利益纳入作为重要内容，参考美国的经济利益部分考虑的因素，明确具体应考虑的经济要素。

（二）制定并定期修订环境罚款标准和按日计罚实施细则，并充分考虑利率和通货膨胀率等宏观经济因素的影响

建议制定专门的"环境行政处罚经济利益因素指南"，合理细化和规范环境罚款标准。另外，制定"'按日连续计罚'实施细则"，实施细则中应充分体现企业的经济因素。无论"环境行政处罚经济利益因素指南"还是"'按日连续计罚'实施细则"都要充分考虑宏观经济因素的影响，设定专门条款做出规定，并定期（每年或每几年）对利息、通货膨胀率等因素进行调整。

（三）探索建立环境行政处罚的和解制度

建议学习美国建立环境行政处罚和解机制，参考证券和解制度的相关做法，通过协商机制与违法者进行沟通协调，达成和解，以减少后续行政诉讼。一是修订《环境保护法》和有关环保专项法律法规，确立

我国生态环境执法中的行政和解制度，为生态环境领域实施行政和解执法模式提供充分的法律依据，并为今后制定统一而完备的行政和解法律制度提供立法经验。同时配套修改《环境行政处罚办法》，将环境行政处罚的和解制度纳入作为重要内容。二是制定和解配套鼓励政策，鼓励违法者自愿提出环境补偿计划和配套措施取代部分罚款，让罚款有机会实质改善受污染的环境或帮助受危害的社区大众。三是针对1万元以下的小额处罚和轻微违法案件，制定表单形式的快速和解协定。四是开展环境行政处罚和解制度试点。

（四）参考美国的 BEN 等模型，开发环境罚款自动裁量系统，快速定量计算环境罚款

建议我国借鉴美国的 BEN 模型，参考四川巴中公安局研发的行政处罚自动裁量系统，根据我国的实际情况建立违法企业经济利益计算模型和环境行政处罚自动裁量系统。该模型和系统要充分反映上述相关政策安排，而且，模型和系统要做到用户友好，并开发 App 模式，使其既可以在电脑上也可以在手机上直接操作。模型建立后要广泛征求学界、企业、公众等社会各界的建议，并根据建议进行修改完善。每年根据通货膨胀率等数值对模型进行修订。将该定量模型纳入环境执法培训计划和课程。另外，适时引入 ABEL 等其他计算企业支付能力的定量模型。

第三章 美国"下一代守法"经验及对我国的启示

提　要："下一代守法"（Next Generation Compliance）是美国环保局提出的综合性执法战略，是环境执法从理念到方法到参与主体的全方位变革。"下一代守法"重视守法激励，技术是核心因素，其内容包括：促进守法的制度设计；应用先进的监测技术；推行电子报告；提高透明度；创新执法策略。我国的环境执法也面临着同美国类似的执法挑战——有限的执法资源难以应对不断出现的新环境问题，建议我国在未来的执法变革中借鉴"下一代守法"的经验：转变执法理念，从威慑力执法逐步向与守法促进相结合转变；创新执法方式，提升企业守法积极性；加强能力建设，提升执法效能。

"下一代守法"（Next Generation Compliance）是美国环保局在预算收紧、大量新的环境问题不断涌现、污染源监管对象日益分散化和小型化、监测技术进步、信息技术与大数据日益成熟的背景下提出的综合性执法战略，即通过制度再造、新技术的应用、数据化、数据透明以及执法战略创新等手段，实现环境执法从理念到方法到参与主体的全方位变革，这对于我国现有环境执法问题的解决具有重大的借鉴意义。

一　美国"下一代守法"提出的背景

预算收紧、新的环境问题不断涌现、污染源监管对象日益分散化和小型化、大量新型科技手段的出现，在此背景下美国环保局提出了"下一代守法"的战略。

（一）美国环保局预算收紧

2008 年金融危机以来，由于美国政府持续削减预算，美国环保局执法与守法保障办公室（OECA）面临执法人员减少和工作经费削减的双重困难。截至 2017 年，美国环保局的执法人员已从 2011 年的近 4000人削减至 3400 人左右，减少了约 15%，其行政运行经费和执法经费也得到不同程度的削减（见图 3 - 1、图 3 - 2），迫切需要在现有的执法资源基础上提升执法效率，维持和提升守法水平。

预算的减少是美国环保局长期面临的一大问题。20 世纪 80 年代，美国环保局第一任总顾问 John Quarles 曾说：在美国环保局存在的九年

图 3 - 1   2010 ~ 2018 年美国环保局总统预算及执法与守法保障预算

资料来源：FY2011 - FY2019 EPA Budget in Brief, https：//www. epa. gov/ planandbudget。

里，美国环保局员工数翻了一倍，而其责任却扩大了 20 倍。员工数量无法满足美国环保局的工作需要，而在整个 20 世纪 80 年代，预算下滑的情况在美国环保局一直存在。[①] 从 20 世纪 90 年代开始，美国环保局环境执法与守法的预算也在持续下降。在此期间，美国《资源保护与恢复法》（RCRA）、超级基金项目、刑事执法等项目因资源紧张问题而无法继续运行。作为行政部门，美国环保局对国会决策的影响微乎其微。在这样一种情况下，如何在有限资源的条件下提高工作效率成为美国环保局考虑的重要内容，也为"下一代守法"的出现提供了现实条件。

---

① Steven Clhen, "*EPA：A Qualified Success*," in Sheldon Kamieniecki, Robert O'Brien & Michael Clarke eds. , *Controversies in Environmental Policy* (SUNY Press, 1986), p. 174, p. 179.

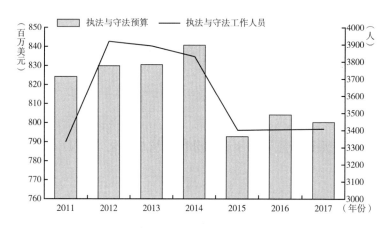

图 3 - 2 美国环保局环境执法与守法保障办公室 (OECA)
2011～2017 年执法与守法预算及工作人员概况

资料来源：FY2011 - FY2017 EPA Budget in Brief, https：//www. epa. gov/
planandbudget。

（二）大量新的环境问题不断涌现

在预算不足的情况下，环境污染的脚步并没有停下。如对危险化学品的监管是近年来美国环保局监管的重点。为加强对化学污染的管理，美国于 1976 年出台了《有毒物质控制法》（TSCA），对包括农药、烟草及烟草产品、核材料、军火、食品添加剂、药品、化妆品等其中的化学物质进行监管。美国环保局负责《有毒物质控制法》的执行并编制化学品名录。随着可造成环境污染的化学物质的日益增多，现有的化学品名录已由最初的 62000 余种增加至 83000 余种，而每一种化学品的增加都需要经过申报、审核等严格的过程。在这一过程中，新的环境问题不断出现。而除此之外，随着石油、天然气使用的扩张，挥发性有机物、甲烷这些肉眼看不见的污染也日益增多。

　　大量新的环境问题的出现，如何把"不可见的污染变得可见"，美国环保局需要将更多的精力放在新的环境问题上。① 新环境问题的产生与亟待监管成为"下一代守法"提出的直接原因。

（三）污染源监管对象日益分散化和小型化

　　美国环保局对传统污染物的监管主要是通过许可证控制大型污染源，而许可证的申请往往是针对达到一定排污和环境风险水平的污染源。随着这些大型污染源逐步监管到位，对小型污染源的监管日益迫切。小型污染源虽单个排放量低，但其加总的排放量对环境的影响也很明显，而小型污染源往往又具有分散性。以美国的水环境污染监管为例。国家污染源排放削减系统（NPDES）是美国监管水污染物的主要手段。国家污染源排放削减系统项目发现，经工厂、市政管道、农田留存的水污染物的组合经可见的管道流入污水处理厂，变成了成百上千的污染源，其中还夹有矿物质等污染物的流出，而每一个污染源都是一个分散的污染源。污染监管对象的小型化、分散化，同新的环境污染的出现，都成为"下一代守法"需要解决的课题。

（四）技术进步为执法监管提供了新的手段

　　技术的进步为环境执法的监管提供了新的手段。一方面，新型监测技术的出现使得不可见的污染物的监测成为可能，比如利用红外摄像

----

① U. S. EPA, Next Generation Compliance Strategic Plan 2014 - 2017, p. 4.

机、便携气相色谱仪、质谱仪监测 VOC 排放；另一方面，监测技术的小型化、便携化和成本的下降，使得对小型污染源的监控成为可能，更重要的是，公众可以利用这些小型化的监测设备参与到执法监管中，弥补执法人员力量的不足。如美国环保局研发的便携和可穿戴式应用（App），公众可以运用其随时感知空气质量；将空气污染传感器应用于移动设备，用移动的方式监测污染物的排放，并利用监测结果来创建预测模型。① 同时，美国环保局与美国国家航空航天局（National Aeronautics and Space Administration，NASA）合作，通过卫星收集空气污染数据，帮助科学家监测污染源的种类与变化。② 技术的进步不仅为环境执法的监管提供了新的工具，同时也在改变着环境执法的治理体系及治理理念。

（五）信息技术与大数据的形成

2009 年，时任美国总统奥巴马签署了《透明与开放的政府备忘录》，号召政府部门建立一个透明、公众参与、协作的制度体系。同年颁布的《开放政府指令》向公众开放了更多的数据，提高了信息的公开与透明度，促进了公共对话。③ 2012 年，白宫科技政策办公室发布的

---

① U. S. Environmental Protection Agency, Fused Air Quality Surfaces Using Downscaling, 2012, Available at www. epa. gov/esd/land-sci/lcb/lcb_ faqsd. html.

② U. S. Environmental Protection Agency, DISCOVER-AQ Stands for Deriving Information on Surface Conditions from Column and Vertically Resolved Observations Relevant to Air Quality. See EPA Scientists Collaborate with NASA on Multi-year DISCOVER-AQ Study to Improve Ability to Measure and Forecast Air Quality from Space, Sep. 4, 2012, Available at www. epa. gov/nerl/features/discover-aq. html.

③ 陆建英、郑磊、Sharon S. Dawes：《美国的政府数据开放：历史、进展与启示》，《电子政务》2013 年第 6 期。

"大数据研究和发展计划"，鼓励政府、非政府组织（NGO）、企业在进行环境保护的过程中，更多地使用大数据及其分析技术，将大数据理念融入环境保护工作中。信息技术及大数据理念的形成，成为环境保护工作的"推进剂"，缓和了政府和公众由于环境事件所引发的社会矛盾，也为"下一代守法"的推进奠定了基础。

二　"下一代守法"的内容及特征

"下一代守法"作为一个概念发端于美国，是由美国环保局提出的综合性执法战略。"下一代守法"并不能取代传统的严格执法，其是利用新的工具和策略确保企业守法拥有公平竞争的环境，以提升执法效率，进一步促进企业的自主守法，达到同传统执法相同的目的——改进企业环境行为，保护公众健康。

（一）"下一代守法"是环境执法模式的转变

美国的环境执法包括两个相互依存的方面：一是执法处罚；二是促进守法。环境执法与促进守法的工作一直是齐头并进的，而且美国环境执法的原则也着重强调守法的重要性，其中就包括以即时、全面、连续守法为目标；营造全民守法文化是实现守法目标的关键。

"下一代守法"与之前相对应的是现行的执法模式。美国环保局成立于20世纪70年代，在过去的40余年里，在联邦执法方面取得了重大进展，这主要得益于美国环保局采取的强有力的处罚措施。但是这一以强有力的处罚措施作为威慑力基础的执法模式在新的时代正面临着诸多挑战。

以强有力的处罚措施为基础的执法模式被称为"执法本位"的环境执法，即通过政府环境执法部门，以强化执法检查、提高处罚水平等行政方式对环境违法行为形成高压态势，以达到遏制违法行为目的的执法方式。但是，随着执法机构的有限权力和能力与执法机构承担的巨大责任之间的矛盾日益深化，以行政为主的执法方式与被监管者要求弹性灵活的经济手段之间的矛盾日益凸显，执法人员需要转变执法理念，由"执法本位"向"守法本位"进行转变。

"守法本位"的执法模式是以促进守法为目标的执法模式。守法是执法的目的，执法是实现守法的重要手段，但不是唯一手段。为实现守法目的，执法可以采取一切可能的手段，而不仅仅依赖于处罚；执法可以动员一切可以动员的力量参与对违法行为的监督，形成一个资源、信息共享和多方参与共治的格局。

随着公民社会环境意识的提升，企业环境管理能力的提高，企业环境信息的公开透明，美国"下一代守法"的提出也体现了其环境执法模式的转变。"下一代守法"并不意味着要取代传统的执法，其仍然会优先考虑环境执法工作，只是环境管理部门应当转变观念，探索从"执法本位"的执法模式向"守法本位"的执法模式转换。这些新的技术方法，是为了配合传统的执法工作，以提高执法效率。

（二）"下一代守法"的内容

美国环保局执法与守法保障办公室（OECA）首先提出了"下一代守法"的概念，即通过制度再造、新技术的应用、数据化、数据透明以及执法战略创新等手段，实现环境执法从理念到方法到参与主体的全方位的变革。"下一代守法"包含五部分主要内容，以提高环境守法的表现，这五部分内容也是相互联系的（见图3-3）。

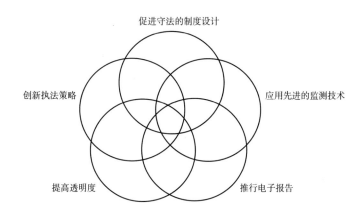

图3-3　"下一代守法"的组成

具体内容包括：第一，监管和许可设计，这种制度性的创新使它们更易于实施并且具有改善守法和环境成果的目的；第二，使用和推广先进的排放/污染物监测技术，使受监管者、政府和公众可以更轻松地查询到污染物排放、环境条件和环境违法的信息；第三，受监管者使用电子报告在帮助美国环保局和监管机构更好地整理报告的信息和提高效率的同时，使报告更准确、完整和有效；第四，从先进监测设备获得资料，使新的信息和电子报告向公众公开，提高了透明度；第五，创新执法策略（例如，数据分析和定位），提高企业环境守法程度。

1. 促进守法的制度设计

（1）灵活的规则和结构设计

"下一代守法"提倡在制定法规和许可规定时，应注重考虑制度灵活度和简易度的平衡，即制定简单清晰的法律法规和易于灵活执行的政策。当遵守环境法律的成本低于违法成本时，这就使得潜在的环境污染者认为守法更容易，而环境监管部门不用采取法律行动就能实现预期的成效。①

美国环保局正在运用这样的理念。2013 年 4 月，为了对石油和天然气生产商的污染行为进行控制，美国环保局采纳了一个建议。这个建议的基本观点是，让污染监测设备制造商到美国环保局进行认证，企业若直接购买认证合格的产品，只需要上报购买设备的情况，不需要再进行实地测试。这样使得环境检查变得简单易行，政府只需要将用户采购和安装报告与制造者销售报告进行对比即可，从而将资源高度密集的互动形式缩减到少数设备制造商当中。这种方法不仅让守法变得更简单，也更具有成本优势，同时还能提高工作效率，为监管对象带来更多的确定性。②

（2）基于经济驱动的创新式监管

利用市场机制促进守法一直是美国环保局守法激励的重要内容之一，在"下一代守法"中也突出了这一内容。利用市场手段设计更多适合企业的守法项目，让企业能够主动将重视环境的理念融入企业文化当中，承担起企业的社会责任，从而促进企业守法，减少执法机构和工

---

① Cynthia Giles, "Next Generation Compliance," in LeRoy C. Paddock, Jessica A. Wentz eds., *Next Generation Environmental Compliance and Enforcement* (Washington, D. C.: Environmental Law Institute, 2014), pp. 1 – 22.

② Cynthia Giles, "Next Generation Compliance," in LeRoy C. Paddock, Jessica A. Wentz, eds., *Next Generation Environmental Compliance and Enforcement* (Washington, D. C.: Environmental Law Institute, 2014), pp. 1 – 22.

作人员的负担。

把守法系统融入市场机制当中，守法和执法的行政人员能够利用经济手段驱动环境成效达成，同时使得环保理念嵌入组织（文化）当中。最佳的例子可能是美国的二氧化硫（排污权）交易系统。[①] "酸雨计划"成功的一个重要因素是企业能够通过安装更有效的设备，减少二氧化硫的排放，创造了更多的经济效益或者节省了更多的成本。这个既赚钱又省钱的机会推动了企业自身的创新，也使得守法精神渗透到企业的规划当中。2001年美国对二氧化硫交易项目的研究发现，"总量控制和排放交易手段的使用，能够鼓励企业采用先进的技术降低守法成本，以创新性的方式实现经济效益的提升"。[②]

除此之外，内部经济驱动包括：声誉、客户的愿望或需求、投资者的压力、较低的运营风险、吸引和保留员工的能力、保险成本和可用性、社区行动执照、贷款人关注或要求、政府与公众的关系、增强计划操作和预期甚至塑造未来的监管标准的能力、市场准入、产品差异化、绿色采购标准、行业行为守则、国际环境标准（例如ISO 14000）、运

---

① 1990年美国《清洁空气法（修正案）》授权一项新的项目，给排放二氧化硫的电厂交易津贴。与此同时，法律也要求二氧化硫排放要减少约50%。这个项目完成了法定的目标，而且在接下来的时间里，虽然使用了极少的执法行动，但是比预期减少了更多的排放。将近100%的守法成果是由于美国环保局要求所有电厂要安装监测设备，而且必须持续监测排放量并向美国环保局汇报实时监测数据。同样重要的是，超标排放的部分的违法罚款达到2000美元/吨，同时也失去了排放津贴。

② Leroy C. Paddock, "Beyond Deterrence Compliance and Enforcement in The Context of Sustainable Development," in LeRoy C. Paddock, Jessica A. Wentz eds., *Next Generation Environmental Compliance and Enforcement* (Washington, D. C.: Environmental Law Institute, 2014), pp. 121–157.

营效率。

（3）独立第三方验证（Independent Third Party Verification）

第三方项目即美国环保局在一些情况下，可以采取独立第三方验证措施。当企业不知道自己是否违规时，是不会主动采取措施来改进的，针对这些项目实施守法认证可以大大提高守法率。守法认证需要有专员执行检查工作，因此提高了发现和解决问题的效率，创造了就业机会，并增强了对环境问题的预防力度。[①]

适当结构化的第三方监测以及验证的规则、许可以及协议能够增强问责，促进守法，并且能够提供更好的监测数据。第三方监测应当结合公开披露，告知公众受监管对象的守法程度，使公众能够关注到其违法行为。

有效的第三方验证方法应确保审计员是有能力且独立的，审计或检查的标准是客观的、基于事实的。如为了确保第三方是真正独立的，监测数据可以提交给政府而不分享给受监管对象或交由其律师审查。

2. 应用先进的监测技术

（1）监测技术的范式变迁

随着人类生产活动日益复杂，环境污染也日趋复杂，排放的污染物可能微不可见，却可能产生严重的危害。传统的监测设备因其昂贵、操作复杂且设备固定的特点，限制了数据的采集和利用。为适应环境污染

---

① Cynthia Giles, " Next Generation Compliance, " in LeRoy C. Paddock, Jessica A. Wentz, eds. , *Next Generation Environmental Compliance and Enforcement* (Washington, D. C. : Environmental Law Institute, 2014), pp. 1 – 22.

的最新形势，环境监测也应根据先进的监测技术进行相应的变革。"下一代守法"力图让监测设备的成本更低、易于操作且便于携带，并提出了监测技术的新范式（见图3－4）。

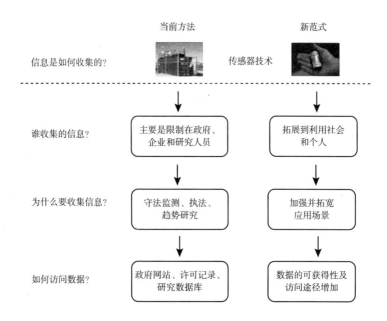

图3－4　技术给环境监测带来的变化（以手持式空气质量监测为例）

资料来源：Emily G. Snyder et al.，"The Changing Paradigm of Air Pollution Monitoring," in LeRoy C. Paddock, Jessica A. Wentz eds., *Next Generation Environmental Compliance and Enforcement*（Washington, D. C.：Environmental Law Institute, 2014），pp. 215－236。

（2）先进监测技术的特点

先进的监测指的是一系列采样和分析设备、系统、技术，实践以及能更好地检测和测量污染物的技术。先进的监测技术包括：①可以测量一个特定排放源的监控器；②监测周围环境中的污染物。先进的监测技术与现有广泛使用的技术相比，一方面具有价格更低、更便于使用的特征，另一方面也可以为特定的目标提供高质量和海量的数据，为问题的解决提供更加完整的信息。

先进的监测技术可以提供创新性地解决污染问题的方法。美国环保局第六分局使用连续水表质量检测系统来监测水源，其检测系统涵盖一个自动无线通知系统，可以将数据实时地发送到监测网站。当数据超出了预先设定的浓度标准时，系统将向环境监管机构发出预警。该系统在促进水污染防治、跟踪定居点水质环境状况（特别是边远地区的水质环境状况）方面发挥了重大作用。

（3）企业的自我监测与公民参与

先进的监测技术可以帮助企业加强环境管理。随着监测设备技术的提升，企业可以快速发现和解决环境问题，既节省了开支，又有效地预防了污染物的排放。而随着监测设备价格的下降，公众也可以使用监测工具。随着监测数据更容易获取，越来越多的企业和公众会加入监测行列，这在一定程度上可以减少政府采取行动的必要性。

3. 推行电子报告

很长一段时间，美国环保局和各州的报告很多还是以纸质方式提交，然后由政府工作人员手动录入电脑系统中。在政府预算被削减的时期，由于缺少足够的人手和时间去核查这些数据，这些报告会被丢弃在角落。这意味着，重要的污染问题和违法行为极有可能被推迟处理甚至被忽略。同时，手动录入数据可能会产生错误，需要耗费大量的人力和时间去进行校正，导致真正重要的问题往往没有得到解决。推行电子报告正是基于这些问题，希望能够在提升效率的同时节约人力和财力。①

（1）美国推行电子报告计划

美国环保局在 2013 年 9 月发表声明，称美国环保部门将改革传统的纸质文件办公形式，转向电子化办公，广泛地推行电子报告。而电子报告不仅仅是办公手段的转换，更是一个信息化管理系统，能够引导用户完成守法援助和数据检查的整个报告流程。② 为此，美国环保局规定从监管过程开始，所有的报告信息必须是电子的。同时，州、地方政府及部落也需要加快信息化系统的开发和使用，鼓励企业尽快适应电子化监管的方式。

（2）使用电子报告的优势

使用电子报告可以为监管机构提供更完整、及时的数据，简化被监管者报告的过程，节约时间和人力，从而更有效地开展环境监管。同时，使用电子报告也有利于提高透明度，企业、公众可以通过网络查阅所需要的信息。电子化报告可以使政府和企业、公众之间建立电子化的交流方式，增加企业、公众获取信息的渠道，并向其有针对性地开展守法援助。更重要的，电子化报告可以使美国环保局、州、地方政府之间通过信息共享成为一个更加统一的环保机构。③

① Cynthia Giles, "Next Generation Compliance," in LeRoy C. Paddock, Jessica A. Wentz, eds., *Next Generation Environmental Compliance and Enforcement* (Washington, D. C.: Environmental Law Institute, 2014), pp. 1 – 22.

② U. S. EPA, Next Generation Compliance: Strategic Plan 2014 – 2017, https://www.epa. gov/sites/production/files/2014 – 09/documents/next – gen – compliance – strategic – plan – 2014 – 2017. pdf.

③ U. S. EPA, Next Generation Compliance: Strategic Plan 2014 – 2017, https://www.epa. gov/sites/production/files/2014 – 09/documents/next – gen – compliance – strategic – plan – 2014 – 2017. pdf.

4. 提高透明度

提高透明度是提高守法水平的重要手段，而透明度与使用电子报告和先进的监测技术紧密相连。开放的电子报告以及监测数据的公开，都能够提高透明度。美国环保局环境执法与守法保障办公室一直是提高透明度工作的领导者，其管理的环境执法与守法历史在线系统（ECHO）可以查看全美企业的执法记录及企业守法情况。在"下一代守法"中，环境执法与守法保障办公室将进一步改进环境执法与守法历史在线系统，使之更容易理解和使用，同时增加移动端的开发。此外，为使系统中的数据更容易获得和使用，环境执法与守法保障办公室将开发新的工具，对数据加以整合与分析，并将更多的数据提供给研究人员，允许任何人使用环境执法与守法保障办公室的数据开发应用程序。①

增加透明度可以改善环境绩效。当企业守法及污染信息公开时，公众也可以感知政府所采取的执法行动，加强对政府执法人员的支持。企业可以观察同行的表现，激励其采取更有竞争力的改善措施。部分企业会将提高透明度作为其环境管理的一部分，通过与公众的分享增强其竞争优势。有证据表明，公开企业绩效信息后，迫于来自客户、同行、投资者和保险公司的压力，企业就会不断改善自身行为。

但透明度只有在信息重要且准确的前提下才会发挥作用，数据不完整或有误都不利于目标的实现。这也说明了为什么先进的监测技术及电子报告与透明度相结合的原因：就真正的污染问题提供准确的信息。同

---

① U. S. EPA, Next Generation Compliance：Strategic Plan 2014 – 2017, https：//www. epa. gov/sites/production/files/2014 – 09/documents/next – gen – compliance – strategic – plan – 2014 – 2017. pdf.

时，在数据准确的前提下，数据还应易于理解、便于使用。如对于公众来说，数据应转换为更加通俗、易于理解的内容；对于相关专家来说，数据则需要能够快速浏览，易于分类。

5. 创新执法策略

2010 年，美国环保局着手通过提高饮用水标准这一新方法来保护人们的健康。为此，美国环保局实施了一个新的评分系统，将饮用水供应商与最严重的违规行为联系起来，同时宣布所有严重违法的企业必须在六个月内达标，不然会面临强制执行。六个月后，各州及美国环保局遵循此承诺，执法行动大幅回升。过去三年里因经营者知道美国环保局严肃对待饮用水标准守法问题，因而违法的公共供水商减少了 65%。而公众对此问题持续不断的关注也促使饮用水系统及政府改正不准确的数据，通过数据分析帮助环保机构将注意力集中在大的问题上。该新方法只投资了很少的资源，却产生了很大的影响。①

"下一代守法"提倡执法方式的转变，从正式的、规则导向的执法方式向灵活的、结果导向的执法方式转变。"下一代守法"提倡采用先进的技术、使用电子化报告、提高透明度等方式识别违法行为，提高执法效率。这样即使在预算削减、资源紧张的情况下，也可以促进企业守法。

在美国环保局环境执法和守法保障办公室的引领下，不断尝试创新技术和监管方法，逐步掌控复杂的环境局势。这些技术和方法能够更好

① Cynthia Giles, "Next Generation Compliance," in LeRoy C. Paddock, Jessica A. Wentz, eds., *Next Generation Environmental Compliance and Enforcement* (Washington, D. C. : Environmental Law Institute, 2014), pp. 1 – 22.

地保护公众的健康以及改善环境状况；为那些勇于承担社会责任，自觉减少污染排放的企业创造一个公平竞争的环境；同时，也可以扩大公民参与，让公众积极地参与到环境保护中来，在未来逐渐减轻监管机构的负担。①

严格执法一直是美国环保局环境保护的核心。为保护公众安全，确保守法企业拥有公平的竞争环境，各州和美国环保局必须协同合作，确保违法必究。当我们共同抵制违法行为时，每个人的状况才会变得更好。当我们继续学习强化守法的方法，利用先进技术时，新一代守法机制即使在削减预算时期也可以改进我们的环保工作。②

（三）"下一代守法"的特征

正如"下一代守法"提出的背景中所言，较之以往环境执法部门所处的时代背景，在现阶段，在各种新兴技术的影响下，污染源逐渐趋于分散化和小型化。这种趋势直接导致了环境污染的复杂化，公民参与环境治理的多样化。同时，由此而来的新的执法环境也催生了新的执法理念，以回应新的执法需求。

通过"下一代守法"的内容和相关的案例可以发现，"下一代守法"具有以下一些特点。

---

① INECE, The Special Report On The Next Generation Compliance, https：//inece. org/resource/next - gen - report/.

② Cynthia Giles, "Next Generation Compliance," in LeRoy C. Paddock, Jessica A. Wentz, eds. , *Next Generation Environmental Compliance and Enforcement* (Washington, D. C. : Environmental Law Institute, 2014), pp. 1 - 22.

1. "下一代守法"是一个整合性框架

美国环保局提出的"下一代守法"的五个部分并不是孤立的，它们是一个相互联系、相互影响的整体。技术的进步，带动了监测技术的不断发展。环保部门使用先进的监测技术，同时也利用信息技术的发展广泛地推广电子报告。技术的使用，势必会影响组织的制度设计，为了与技术相适应，也由于技术需要合适的制度环境，环境监管也需要制度方面的改良。为了扩大公众参与，需要使用技术手段和政策扶持，这样有助于将监测的信息和数据向公众开放，提高环境领域的透明度，让公众参与到环境监督的工作中。可以看出，"下一代守法"是一个整合的总体框架。

2. 技术因素是核心

"下一代守法"这一理念以及其他内容的开展都是基于技术这一核心要素，现代科学技术的发展正是影响这一理念产生的关键变量。在其内容中也可以看到，先进的技术在"下一代守法"中占有核心位置。

由于技术的不断进步，生产部门也采用了更先进的原材料和生产设备，因此污染源和污染物日渐分散化和小型化，更加不容易辨别。这都迫使环保部门改良环境监测技术，出台相配套的改革措施。没有技术的发展，也就没有电子报告的推行和透明度的提升，甚至没有监管制度的改进和执法手段的创新。没有技术的进步，可能也会逐步走向"下一代守法"的变革方向，但无疑，技术是催化这个过程的决定性因素。

3. 重视守法激励

新一代的环境监管设计以及执法策略都倾向于让企业主动承担起污染防治的责任。守法激励政策是提高企业守法自觉性和积极性的利益诱导机制。近年来，社会对公共监管部门的期望大幅提高。一方面，监管机构的职责扩大；另一方面，监管人员被期望更有效率地工作。同时，监管机构可使用的资源有限。为此，监管机构也需不断地寻求创新形式的监管。鼓励企业守法，加强企业自我监管就是其中一个重要的趋势。"下一代守法"重视企业的守法激励，并开发有利于企业自我监管和激励的方法和手段。

4. 重塑联邦和州的关系

在传统的管理体制中，因机构重叠、权力碎片化的问题，很难建构一个完整的环境管理体系。为解决这种困境，"下一代守法"提倡一种混合式的治理机制。混合治理机制具有如下特点：①关注州和联邦之间的一些区域。这片"中间地带"能够有效地游离于权威碎片化地带。②创建新的治理权力层面，结合现有权威扩展至多个层面。这种互动包含各种利益相关者。③与关键的利益相关者合作，不仅是政府机构，也包括非政府组织及个人。①

5. 构建执法者和企业的合作关系

执法者和企业更多的是合作的关系。让企业参与到守法的行动中，激发企业的社会责任感，鼓励企业进行自我监管。在当今全球化经济中，要实现可持续发展的目标需要吸纳新的治理机制，但也超出了传统的监管程序。这些新的治理形式不仅仅依靠法规驱动，相反，它们需要

---

① Hari M. Osofsky, Hannah J. Wiseman, "Federalism, Institutional Design, and Environmental Compliance Possibilities for Hybrid Mechanisms," in LeRoy C. Paddock, Jessica A. Wentz eds., *Next Generation Environmental Compliance and Enforcement* (Washington, D. C.: Environmental Law Institute, 2014), pp. 23 – 53.

借助经济和社会行为。当一个公司做出决定，准备超过基本的环境监管要求或者将可持续发展纳入公司规划时，这个决定可被视为来源于组织价值或企业社会责任（CSR），它正是基于过去十年里发生了重大变化的潜在经济因素。①

6. 处罚定位的变化

处罚不是执法的目的，采取各种创新的执法战略，是为了让企业更好地守法。美国环保局在环境执法概念中明确指出，环境执法既包括执法处罚，同时也包括促进守法，并且，二者的地位是相同的，要做到执法监督与守法援助并重。通过多年的研究，美国环境执法和守法保障办公室逐步明确了影响守法的因素，并了解了能够帮助企业改善环境守法的技术和项目策略。通过借鉴美国环保局、州和其他国家监管机构的经验，环境执法与守法保障办公室寻找信息和监测技术的进步以促进环境绩效及守法程度的改善。由此，在"下一代守法"中，更是提高了促进守法的地位，力图从源头改善环境污染状况。

7. 公众的角色作用

公众参与是美国环境管理的一个重要制度。"下一代守法"力图通过各种创新方法，进一步发挥公民参与的积极作用。新一代低成本空气监测技术的发展，旨在应对日益增长的民间科学家、教育工作者、学生和其他对监测空气质量感兴趣的个人和团体，鼓励他们更有效地参与到环境监测和监督的活动中。

---

① INECE, The Special Report On The Next Generation Compliance, https：//inece. org/resource/next－gen－report/.

如手持式空气检测装置（Air Beam）的发明，能够检测空气中的颗粒物质（$PM_{2.5}$），以及温度和相对湿度，并且能够将他们通过蓝牙技术传送到智能手机用户的 Air Casting App 上。网民也可以通过监测技术的人群地图（Crowd Map）功能共享数据，创建一张不断更新的城市多个地点污染物程度的图片。公民共同使用这个系统，就可以形成由公民提供的不正式但高度信息化的城市环境中常遇到的热点快照和 $PM_{2.5}$ 的变化趋势图。[1]

三 我国环境执法的新特征

随着国家大力推进生态文明建设，深化体制机制改革开展顶层设计，环境执法效能不断提升，并在新时代下呈现了新的环境执法特征。

（一）环境执法的制度基础逐渐稳固

近两年，随着国家对环境执法的重视，主要的生态环境法律法规也加快了修订的进程。2014 年、2015 年、2016 年、2017 年我国分别对《环境保护法》《大气污染防治法》《环境影响评价法》《水污染防治法》进行了修订，并出台了相应的实施细则。法律法规的修订，一方面增加了新的违法行为的法律责任，对原有违法行为处罚方式的规定也不断细化，增加了执法人员的可操作性；另一方面对环境违法行为的处

---

① INECE, The Special Report On the Next Generation Compliance, https：//inece. org/resource/next - gen - report/.

罚力度也不断加重，对特定的违法行为可以实施按日连续处罚、查封扣押、限产停产、移动拘留等行政手段，对恶意的违法行为也可以采取刑事处罚，这大大增加了环境执法的威慑力。法律法规的修订及实施细则的制定，为环境执法的开展奠定了良好的法律基础。

2015 年，我国开始建立的以排污许可为核心的固定污染源管理制度，要求企业开展自行监测、编制台账记录、提交守法报告，并将其作为环境执法的依据。排污许可制度的实施，将有效衔接前端的环评准入及末端的执法监管，同时也将推动企业从"要我守法"向"我要守法"转变，提高其环境责任意识。排污许可制度的有效实施，将为环境执法工作的开展提供良好的基础。

（二）环境执法的体制机制日益完善

2015 年 10 月底发布的《中共十八届五中全会公报》提出"实行省以下环保机构监测监察执法垂直管理制度"，同时发布的《中共中央关于制定国民经济和社会发展第十三个五年规划的建议》指出，"省以下环保机构监测监察执法垂直管理"主要指原省级环保部门直接管理市（地）县的监测监察机构，承担其人员和工作经费，原市（地）级环保局实行以原省级环保厅（局）为主的双重管理体制，原县级环保局不再单设而是作为原市（地）级环保局的派出机构。实行环境执法机构垂直管理将有利于增强执法的独立性，同时有利于整合资源提升环境执法水平和监管能力。此外，党的十九届三中全会通过的《深化党和国家机构改革方案》，决定组建生态环境保护综合执法队伍，整合环境保护和国土、农业、水利、海洋等部门相关污染防治和生态保护执法职责，统一实行生态环境保护执法。环境监察执法垂直管理制度、生态环境保护综合制度队伍的构建从纵向、横向两个维度推动了环境执法工作的开展。

2015 年 7 月 1 日，中央全面深化改革领导小组第十四次会议明确提出建立环保督察机制，以中央环保督察组的组织形式，对省区市党委和政府及其有关部门开展督察，并下沉至部分地市级党委和政府部门。2016 年初国家启动了中央环保督察。中央环保督察将督察结果与领导干部考核评价挂钩，直接促使地方领导干部提高了对环保的重视程度，在推动环境保护"党政同责、一岗双责"制度的实施上取得了明显的效果。中央环保督察逐渐制度化，进一步落实了地方政府的环境保护责任，为环境执法工作的开展提供了良好的外部环境。

（三）环境执法的技术支撑日趋成熟

自 2015 年以来，国家先后出台了一系列的措施，[①] 推动大数据产业的发展及大数据在国家治理、政府管理和市场监管中的应用。2016 年，环境保护部也出台了针对生态环境领域的大数据的顶层设计，一系列的数据制度、数据规范、部门协调机制以及软硬件开发项目也在推

---

① 2015 年，国务院密集发文，支持互联网产业发展、大数据的应用。先后发布了《关于促进云计算创新发展培育新型产业新业态的意见》（国发〔2015〕5 号）、《国务院关于积极推进"互联网＋"行动的指导意见》（国发〔2015〕40 号）、《促进大数据发展行动纲要》（国发〔2015〕50 号）、《关于运用大数据加强对市场主体服务和监管的若干意见》（国办发〔2015〕51 号）四个重要指导性文件。"十三五"规划纲要则把大数据建设和应用提升到了国家战略的高度，提出要实施国家大数据战略，加快推动数据资源共享开放，促进大数据产业健康发展，在产业转型升级、市场监管、社会治理创新方面推动大数据的应用，提高宏观调控、市场监管、社会治理和公共服务的精准性和有效性。

进。与此同时，企业也紧跟大数据的浪潮推进大数据在环境执法中应用的研发。而随着监测技术的进步，监测设备成本的下降，越来越多的企业可以以较低的成本开展环境监测，公众也可以更容易获取企业的监测数据，加强对企业的外部监督。大数据、物联网、先进的监测技术为环境执法提供了新的工具。

制度环境的日益稳固、体制机制的日趋完善、技术支撑的日趋成熟为环境执法提供了良好的发展机遇，但同时，环境执法也面临着新的挑战。

大企业的违法行为逐渐改善，中小企业的守法问题逐步上升为主要矛盾。在严格执法的高压态势下，大型企业的守法意识有了明显提高，其污染状况已得到了明显改善。有数据显示，重点污染源 2016 年初达标率为 70% 左右，至 2016 年底已接近 97%，重点污染源达标排放已趋于稳定。① 而中小企业在我国数量众多，分布广，对环境的影响分散且其环境意识薄弱。如何解决中小企业的环境违法问题成为环境执法监管的重要考虑内容。

强有力的处罚不能有效满足执法的需求。长期以来，我国通过强化执法检查、加大处罚力度来强化对企业的环境监管，有效遏制了恶意环境违法问题的产生。然而，强有力的处罚大大降低了企业开展自我环境管理的积极性，不利于企业环境责任意识的形成。执法的最终目的是守法，作为促进守法的重要手段，如何调动企业自主守法的积极性，营造企业守法的良好氛围是环境执法需要考虑的重要内容。

---

① 数据来源：环境保护部京津冀及周边地区秋冬季大气污染综合治理攻坚行动新闻发布会实录。

环境执法能力相对于执法需求的不足将成为常态。我国现有环境监察人员 6.27 万人,点源污染源 150 万个,环境执法涉及十余部法律,环境监管从数据和能力上都显不足。① 环境执法机构的能力不足随着企业守法水平的上升和环境监测技术的进步得到了一定程度的缓解,但新的环境执法与守法的矛盾也正在发生变化,环境执法能力相对于执法需求的不足将成为常态。

同"下一代守法"产生的背景类似,现阶段我国的环境执法也面临着相同的机遇与挑战,为此,借鉴美国"下一代守法"的经验,可以为我国环境执法工作的开展带来一定的启发。

四 "下一代守法"对我国的启示

"下一代守法"并不仅仅为环境执法提供了一种新思路,更重要的是它预示着环境执法从理念到制度设计的全方位变革。环境执法只有因时而变,适应新时代、新技术,才能更好地促进环境守法的实现。

(一)转变执法理念,从威慑力执法逐步向与守法促进相结合转变

执法的目的不是处罚,而是促进企业自觉守法和环境管理目标的实现。为了适应环境管理的客观要求,必须转变传统的管理思维和执法思路,逐步构建以政府、企业和公众为主体的多元治理结构。

———————

① 数据来源:环境保护部环境规划院,中国造纸行业排污许可设计 PPT。

1. 由单一管制向多元化的管理、引导与服务转变

对于故意违法的企业，惩罚性执法对遏制其违法行为仍然起着高效、不可替代的作用，这种以威慑为基础的执法方式也是执法理念转变的保障。然而对于在实践中由于对环境问题的认识不足、信息不足以及能力不足等复杂原因而导致了违法行为的中小企业，则应采取预防性的、非强制性的、劝导性的和援助性的措施，将执法重点从如何提高监督检查能力，加大处罚力度转变为如何为企业提供守法援助，帮助其扫清守法障碍，提高企业的守法积极性。

2. 明确企业主体责任，推动企业自我监管

企业是自身环境问题的最佳了解者和解决者，通过对自身环境信息的获取和最佳环境技术的运用，企业能够以最专业和最有效的方式解决环境问题，达成环境目标。而且，由于环境问题和环境技术是在不断变化更新着的，企业通过对自身的环境监管能够灵活、迅速地适应这种变化和更新。更重要的是，由于企业的自我监管赋予了企业控制和改变自身环境行为的主动权，这在一定程度上可以促进企业管理理念和文化的改变，最终提高自身的环境守法意识和能力。

（二）创新执法方式，提升企业守法积极性

执法方式在很大程度上决定着企业是否愿意积极配合执法行动以及自觉守法。执法者不应过分依赖于强制性和惩罚性执法，而应积极采取多元的执法手段，转换执法方式，提升执法效能。

1. 加强信息公开，提高透明度

公开、透明、对称的环境信息可以保证针对企业的环境政策和措施

的可行和有效。同时,包括消费者、利益相关者、竞争者、非政府组织以及媒体等在内的社会公众具有环境知情权,了解企业对周围环境所产生的影响,充分运用这些社会和市场力量,促使企业积极提高环境管理水平、改善环境行为。但是,环境信息的公开,必须以提供准确的数据为前提,且数据需为方便用户使用的综合数据。

2. 推进电子化信息平台的建设

构建统一的执法电子化信息平台,可以极大地减少重复工作,保证信息的及时性和准确性,提高工作效率。同时,相关信息数据的共享,便于相关执法者间经验的学习及借鉴。此外,政府还应积极建设开放、能够提供更多与人们休戚相关的企业及污染信息的信息平台,一方面使公众能够便捷了解企业的环境信息,为各企业间彼此学习提供机会,更好地带动守法表现;另一方面政府可以根据企业污染信息状况向企业提供守法援助。

(三) 加强能力建设,提升执法效能

能力建设是一项系统工程,并需要良好的制度环境,为执法效能的提升奠定基础。

1. 加强先进环境监测技术的应用

随着科技水平的发展,监测设备越来越精确,越来越便携,这些彻底改变了执法者发现及解决污染问题的方法,有助于执法者进一步发现污染物,尤其是毒性污染物,增强对企业违法行为的说服力。此外,监测设备价格的下降,提高了公众使用污染监测工具的可行性。这些由新技术所带动的变化将鼓励更多公民对企业的数据进行跟踪,增加企业压

力，减少执法者采取行动的必要性。

2. 加强第三方监管，明确其环境责任

随着生态环境保护的专业化程度不断加深，包括环评机构、环境监测机构在内的第三方机构在环境治理体系中发挥着不可替代的作用。第三方监管可以提高问题的发现率和修正率，能够创造良好的就业机会，并增强预防力度。但由于我国第三方机构起步比较晚、发展不够完善和成熟，因此应加大第三方的监管力度，促进环境执法水平有效提升。

第四章 美国禁止或者暂停严重环境违法企业参与政府采购经验及对我国的建议

提　要：美国在《联邦采购条例》以及《清洁空气法》、《清洁水法》等法律法规中明确规定"禁止或暂停环境违法企业参与政府采购"，美国环保局设有专门机构——"拨款与禁止办公室"负责调查、公告环境违法企业，一旦证实可视情况禁止或暂停环境违法企业 1～3 年甚至更长时间参与政府采购，并将这些企业列入"禁止或暂停参与政府采购合同商名单"数据库中。我国在政府采购方面存在关于政府采购的规定少且缺乏可操作性，实现政府采购环境保护政策功能的措施仅集中于产品而非企业，国内相关法律规定大多是鼓励性的，不具有强制性，环境保护法律中对政府采购政策的运用仍不充分，禁止环境违法企业参与政府采购的负责主体或参与机构不明等问题。建议：一是将

"禁止或暂停严重环境违法企业参与政府采购"纳入相关环境法律法规；二是发布"关于禁止或暂停严重环境违法企业向政府提供产品和服务的指导意见"；三是建立"禁止或暂停参与政府采购的严重环境违法企业信息管理系统"；四是推动建立生态环保专家参与政府采购评标机制。

改善环境质量的根本出路是要从源头上预防和遏制企业的环境违法行为。企业环境违法之所以被禁而不止，最根本的原因是市场对这些企业产品和服务需求的存在。若利用政府采购政策，禁止或暂停环境违法企业参与政府采购，切断其主要需求和市场，则相关企业自会算一笔账，或遵守环境法规，或主动退出生产。无论企业采取何种措施，都将有助于实现政府优化经济增长以及改善环境质量的目的。不但如此，政府采购政策还可以产生外溢效应和示范效应，引导全社会的绿色消费方向。美国等发达国家高度重视发挥政府采购的环境保护政策功能，除积极鼓励政府采购具有环境属性的产品外，在《联邦采购条例》以及《清洁空气法》、《清洁水法》等法律中对"禁止或暂停环境违法企业参与政府采购"做出规定，并建立了"禁止或暂停参与政府采购合同商名单系统"，其经验值得借鉴。

一　美国用政府采购手段遏制企业环境违法的经验

美国非常重视政府采购在环境治理中的作用，将政府采购作为贯彻国家环境政策的重要工具。在为了保护生态环境而进行的改革浪潮中，美国将政府采购纳入其中，并将政府绿色采购法律制度作为环境资源保护体系中的重要组成部分，以充分发挥政府消费的带动与示范效应，引领社会公众变革传统消费行为，塑造有利于环境保护和资源节约的生态消费模式。

按照程序和方式影响程度不同，可以将美国与绿色采购相关的法律和行动分为三类：第一类是对采购人、采购产品有强制性要求，采购人必须采购具有特定环境属性的产品；第二类是鼓励采购人根据自己的实际情况优先采购具有特定环境属性的产品；第三类是当一些供应商因为违反环境法律排放污染物而被限制参加政府采购活动时，法律要求采购人不得与其签署政府采购合同。第一类和第二类是针对产品，第三类针对的是供应商，也就是企业。本文主要讨论第三类，其特点如下。

（一）环境法律中设有专门的政府采购章节和条款

20 世纪 80 年代初，美国环境法律中设立"联邦采购"章节，约束联邦机构与违反环境法律的合同商签订政府采购合同。《清洁空气法》第 306 章及《清洁水法》第 508 章"联邦采购"中均包含"企业的违法行为属于屡教不改或者是刑事违法的①，环保局可以禁止该公司向政府提供产品或服务"的规定。

《清洁空气法》和《清洁水法》中的"联邦采购"章节对禁止或暂停环境违法企业参与联邦政府采购活动的范围、期限以及豁免等做出了规定（见表 4 - 1）。同时，分别要求总统在法令实施 180 天后发布命

---

① 可以是行政处罚。

令，并由总统在认为必要的情况下提出实施上述要求的程序、制裁、处罚以及其他类似条款；要求由总统每年向国会汇报为实施相关内容所提出的措施，包括但不限于进展情况及存在的问题。

表4-1　美国环境法律法规中禁止或暂停规定

法规	禁止或暂停原因	强制性或可自由支配	决策者	持续期和范围	豁免
《清洁空气法》（42 U.S.C.§7606）	违反42 U.S.C.§7413（c）	强制性	美国环保局局长	直至环保局局长确认违反《清洁空气法》的行为得以改正；政府层面但仅限于引起违法的设施	当总统认为其属于美国的最高利益时可对其进行豁免，并通知国会
《清洁水法》（33 U.S.C.§1368）	违反33 U.S.C.§1319（c）	强制性	美国环保局局长	直至环保局局长确认违反《清洁水法》的行为得以改正；政府层面但仅限于引起违法的设施	当总统认为其属于美国的最高利益时可对其进行豁免，并通知国会

资料来源：Debarment and Suspension of Government Contracts: An Overview of the Law Including Recently Enacted and Proposed Amendments, Kate M. Manuel。

美国上述环境法律和政策中设置政府采购条款的依据是《联邦采购条例》，其是美国政府采购领域最重要的法规之一，明确了禁止或暂停违法企业参与政府采购活动的范围和期限。《联邦采购条例》第9.4章节"禁止、暂停和不合格"中对禁止和暂停企业参与政府采购活动的原因、程序、期限和范围做出了明确规定。禁止或暂停参与政府采购活动的范围主要是指合同商及与合同商有关的任何官员、主管、股东、合伙人、雇员或其他个人以及参与到合资或类似组织中的合同商的欺骗、犯罪或其他严重的不当行为。期限方面，除违反 1988 年《工作场所禁毒法案》中的条款为 5 年以及违反《移民和国籍法案》中就业条款为 1 年外，其他的禁止参与政府采购的期限一般为 3 年。但也有特例，在美国环保局执行的相关案例中甚至有限制在 10 年以上的。此外，做出禁止决定的官方可根据保护政府利益的需要延长期限或可以应合同商的请求、在其提供的材料的基础上考虑缩减禁止期限。暂停参与政府采购活动一般为临时性的，当指定的官方机构认为合同商已停止违反相关法规的行为时，暂停规定终止。

除此之外，美国 1970 年的《清洁空气法（修正案)》和 1972 年修订的《联邦水污染控制法》要求环保局列出破坏空气和水质量的设备清单，而特定的（比如，金额超过 10 万美元）联邦政府合同的承包商必须保证不使用清单内的设备。1972 年颁布的《噪音控制法》要求联邦政府机构必须对一些达到低噪声条件的产品给予优惠，但这些产品必须经过环保局的测试。1975 年颁布的《能源政策与节约法》要求总统指令或协调政府部门开发关于节约能源和提高能效的强制性标准。这些标准影响了后来采购政策和采购决定，例如《政府采购条例》。1976 年颁布的《资源节约和能源法》要求政府部门尽量采购使用再生材料的产品。

（二）美国环保局内设专门机构执行禁止或暂停企业参与政府采购事务

美国环保局在行政与资源管理办公室（Office of Administration and Resources Management，与水、空气等办公室并列，相当于司）下设拨款与禁止办公室（Office of Grants and Debarment），设有合同官，专门负责调查、审理暂停或禁止环境违法企业参与政府采购事务。通过分析和掌握采购项目的技术特点、经济特性以及采购项目的功能、规模、质量、价格、进度、服务及环境等需求目标，依据有关政策、法律、法规、技术标准和规范，合同官作为环保局代表处理政府采购事宜，科学合理设定、安排采购实施的条件、范围、目标、方式、工作计划、措施等。同时，合同官也是美国联邦政府采购评审小组中不可或缺的特殊成员，还负责对供应商的履行合同情况进行评价。在政府绿色采购监管方面，美国环保局与能源部、农业部等其他行政机构一样设有监察长。监察长拥有广泛的调查权，当监察长对于政府绿色采购的过程或结果有疑问时，可以开展调查。

（三）建立禁止或暂停参与政府采购合同商名单系统

为保证"禁止违法合同商参与政府采购活动"政策有效实施，美国建立了"排除成员列表系统"（Excluded Parties List System，EPLS），系统中包括当前被禁止或暂停合同商、以前被禁止或暂停合同商或者建议被禁止或暂停合同商名单。提出禁止或暂停合同商参与政府采购活动的机构长官需要在做出除名决定的5个工作日内提交被除名合同商的信息，并在授予合同前查核系统以确保不会将合同授予列表系统中的企业。

破坏环境的供应商会被联邦政府的采购系统制裁。如果供应商因违反《清洁空气法》或《清洁水法》被环保局列入制裁名单，行政机构将禁止从这些供应商处采购。受到制裁的供应商，会被列在"排除成员列表系统"中。合同官在授予合同之前要查询相关数据库，确保供应商不在暂停和禁止目录内。这种制裁是强制性的，直到供应商的改正行为被美国环保局承认为止。除非总统认为其符合"至高无上的美国利益"并通知国会，被制裁供应商才可豁免。

（四）将供应商满足环境保护政策功能的能力作为政府采购履行合同能力审核的考虑因素

除履行合同的能力、履行合同的意愿之外，美国还将供应商满足政策功能方面的能力，如保护环境方面的能力，作为履行合同能力审核的重要考虑因素。因此，即便供应商未出现在"排除成员列表系统"中，采购人也可依据供应商在环境因素上的特定表现而拒绝该供应商参加政府采购。然而，对供应商环境保护政策功能方面履行合同能力的审核必须建立在最新信息基础之上，若供应商已弥补了之前的环境问题，则不能以此为由反复拒绝该供应商。该履行合同能力审核由合同官进行，参考"联邦供应商履行合同和诚信信息系统"（FAPIIS）中的信息。

二　案例——美国垃圾填埋公司运营违反《清洁水法》被禁止参与政府采购

ACMAR 垃圾填埋公司负责美国亚拉巴马州穆迪市的垃圾填埋场运营，负责接收当地的生活垃圾和工业垃圾。该垃圾填埋场与最终流向卡哈巴河的大黑溪相邻，该河是当地居民的饮用水源地。1990 年 3 月，ACMAR 垃圾填埋公司取得污水排放许可证（NPDES）和固体废物处置许可证，污水排放许可证规定不能有渗滤液流入大黑溪，固体废物处置许可证规定了 50 英亩、烟斗型的面积范围。

1998 年 2 月，ACMAR 垃圾填埋场被告自 1993 年 3 月开始有渗滤液流入大黑溪，因违反《清洁水法》，ACMAR 垃圾填埋公司总裁被罚款 1 万美元，并被判刑入狱 8 个月。而且 ACMAR 垃圾填埋场还非法扩大填埋范围到不被允许的地区，并欺骗填埋客户，被罚款 180 万美元，并被责令制订有效的环境守法计划。

1998 年 7 月，美国环保局要求立即暂停 ACMAR 垃圾填埋公司总裁参与政府采购的资格，而且基于其违反《清洁水法》的违法行为提出禁止其 5 年内参与政府采购。之后，ACMAR 垃圾填埋公司总裁提起诉讼，但法院最终维持了美国环保局的裁决。

三　我国政府采购政策运用于环境保护的现状和问题

我国政府采购规模快速增长，潜力巨大。财政部数据显示，我国政府采购规模从 2002 年的 1009 亿元上升到 2017 年的 3.2 万亿元，其中，2017 年政府采购额占 GDP 的比重为 3.9%。而据估算，2008～2012 年，美国年均政府采购额约为 1.7 万亿美元（约合 11.6 万亿元人民币），2012 年美国政府采购额占 GDP 的比重约为 10.5%。

我国在早期便重视政府采购在环境保护方面的政策功能，如《中华人民共和国政府采购法》中有关于"政府采购应当有助于实现国家保护环境政策目标"的规定，《中华人民共和国环境保护法》也将"政府采购"作为保护环境的一项政策手段，但都是目标或原则性规定。主要问题表现在以下方面。

（一）关于政府采购的规定少且缺乏可操作性

《中华人民共和国政府采购法》第二十二条"供应商参加政府采购活动应当具备下列条件"中第（五）款规定，"参加政府采购活动前三年内，在经营活动中没有重大违法记录"，然而，此处以及《中华人民共和国政府采购法实施条例》中均未对"重大违法"做出界定。在政府采购中，关于供应商"重大违法记录"的审查和认定也缺乏权威性、实效性：一是审查大多属于订立合同之前的审查，缺乏一定的权威性；二是审查主要是针对每一个具体的采购事项所开展的，难以适用其他的政府采购；三是没有公共记录可查，缺乏实践操作性。在实际操作过程中，参与政府采购招标的企业需要向采购代理机构提交"参与政府采购活动前三年内在经营活动中没有重大违法记录的书面声明"（以下简称"声明"），声明中所称的"重大违法记录"主要包括两项：一是单位或者其法定代表人、董事、监事、高级管理人员因经营活动中的违法行为受到行政处罚，但警告和罚款额在3万元以下的行政处罚除外；二是单位或者其法定代表人、董事、监事、高级管理人员因经营活动中的违法行为受到刑事处罚。该声明主要是由企业自行做出，在很大程度上使得"没有重大违法记录"的规定流于形式。

此外，除《中华人民共和国环境保护法》中有关于鼓励性政府采购政策外，其他环境保护专项法律中对政府采购的规定均较少，如《中华人民共和国大气污染防治法》中提出"国家采取财政、税收、政府采购等措施推广应用节能环保型和新能源机动车船、非道路移动机械……",《关于加强企业环境信用体系建设的指导意见》中提出"建议财政部门依法禁止环境失信企业参与政府采购活动",但仅此而已,缺乏可操作性。国家发改委等 30 多个部门 2016 年联合发布的《关于对环境保护领域失信生产经营单位及其有关人员开展联合惩戒的合作备忘录》也只是将《中华人民共和国政府采购法》等相关法律政策列出,并没有具体规定。

(二) 实现政府采购环境保护政策功能的措施仅集中于产品,而非企业

目前,我国主要以产品清单的方式来实现政府采购在环境保护方面的政策功能。自 2004 年开始,我国《节能产品政府采购清单》已更新至第 21 期(截止日期为 2017 年 3 月);自 2006 年开始,《环境标志产品政府采购清单》也已更新至第 19 期(截止日期为 2017 年 3 月)。节能产品和环境标志产品政府采购规模不断增长,政府采购金额分别由 2009 年的 157.2 亿元、144.9 亿元增长至 2015 年的 1346.3 亿元、1360 亿元。

然而,上述两个清单主要是从产品的角度提出的清单,不包括服务及工程等。同时,也并非从企业的角度提出的,没有将企业环境信用记录纳入考虑范围。

(三) 相关法律规定大多是鼓励性的,不具有强制性

为充分发挥政府采购在环境保护方面的政策功能,我国政府采购类法律以及环境保护类法律中均对其做出规定(见表 4 - 2)。然而,现有法律规定大多以"应当"、"有助于"、"鼓励"、"支持"以及"优先"

为主，主要采用正面激励及引导方式，不具有强制性和硬约束力。政策实施上的高度自主性，难以保证政策效果的长期性和稳定性。

表 4 - 2　发挥政府采购环境保护政策功能的相关法律规定

法律法规	实施时间	具体规定
《中华人民共和国政府采购法》	2003 年 1 月	政府采购应当有助于实现国家的经济和社会发展政策目标,包括保护环境,扶持不发达地区和少数民族地区,促进中小企业发展等
《中华人民共和国循环经济法》	2008 年 8 月	国家实行有利于循环经济发展的政府采购政策。使用财政性资金进行采购的,应当优先采购节能、节水、节材和有利于保护环境的产品及再生产品
《节能产品政府采购实施意见》及《节能产品政府采购清单》	2004 年 12 月	鼓励政府采购节能产品
《环境标志产品政府采购实施意见》及《环境标志产品政府采购清单》	2006 年 10 月	积极鼓励政府采购环境标志产品
《中华人民共和国环境保护法》	2015 年 1 月	国家采取财政、税收、价格、政府采购等方面的政策和措施,鼓励和支持环境保护技术装备、资源综合利用和环境服务等环境保护产业的发展 国家机关和使用财政资金的其他组织应当优先采购和使用节能、节水、节材等有利于保护环境的产品、设备和设施

（四）环境保护法律对政府采购政策的运用仍不充分

环境经济政策是环境管理措施的重要内容。除《中华人民共和国环境保护法》中有关于鼓励性政府采购政策的规定外，其他环境保护专项法律中对政府采购的规定均较少。例如，《中华人民共和国水污染防治法》中环境经济政策主要包括生态保护补偿机制、排污费、污水处理费等；而在《中华人民共和国大气污染防治法》中仅在第四章"大气污染防治措施"的第三节"机动车船等污染防治"中提出"国家采取财政、税收、政府采购等措施推广应用节能环保型和新能源机动车船、非道路移动机械，限制高油耗、高排放机动车船、非道路移动机械的发展，减少化石能源的消耗"。

整体而言，政府采购作为一项重要的政策调控手段的作用在我国环境保护法律中并未得到充分的重视和运用。尤其是通过政府采购手段将环境违法类企业排除在财政资金采购之外的措施更是我国环境保护类法律中的空白。

（五）禁止环境违法企业参与政府采购的负责主体或参与机构不明

虽然其最终目的是有效利用政府资金、实现国家环境保护政策，然而，"禁止或暂停环境违法企业参与政府采购"是一项综合性政策，需要所涉及的环境监管部门、环保产业主管部门、财政部门以及司法部门等的协力合作。2015年，环境保护部和国家发改委联合发布的《关于加强企业环境信用体系建设的指导意见》虽提出"建议财政部门依法禁止环境失信企业参与政府采购活动"，然而该提议尚未形成实际的具体政策，且并非财政部门一家可以完成，需要由所涉及的各部门相互协作、明确分工来共同完成。

四　对策建议

（一）将"禁止或暂停严重环境违法企业参与政府采购"纳入相关环境法律法规

建议在未来修订的《中华人民共和国水污染防治法》和《中华人民共和国大气污染防治法》中，分别在各自第三章"水污染防治的监督管理"和"大气污染防治的监督管理"中增加条款"禁止或暂停污染水环境的严重违法企业参与政府采购""禁止或暂停污染大气环境的严重违法企业参与政府采购"。

严重违法企业禁止参加政府采购，是有法律依据的。《中华人民共和国政府采购法》第二十二条规定，参加政府采购活动前三年内，在经营活动中没有重大违法记录；《中华人民共和国政府采购法实施条例》第十九条规定，"政府采购法第二十二条第一款第五项所称重大违法记录，是指供应商因违法经营受到刑事处罚或者责令停产停业、吊销许可证或者执照、较大数额罚款等行政处罚"。可以参考的是，国家税务总局据此制定了《重大税收违法案件信息公布办法（试行）》，对此实施联合惩戒。所以，禁止生态环境违法企业参加政府采购，应该不是没有立法依据，而是配套政策措施不完善的问题。

（二）发布"关于禁止或暂停严重环境违法企业向政府提供产品和服务的指导意见"

在修法短期难以实现的情况下，也可以配套制定禁止或者暂停重大环境违法企业参与政府采购的实施办法。建议由相关部门联合出台"关于禁止或暂停严重环境违法企业向政府提供产品和服务的指导意见",其中对适用的采购实体范围、环境违法或不良行为类型、禁止或暂停等具体措施以及各部门职责分工做出具体规定。此外,将禁止或暂停做出区别对待,要求投标公司或代理商在招投标文件中提供货物来源以及企业货号。

(三) 建立"禁止或暂停参与政府采购的严重环境违法企业信息管理系统"

结合环境违法企业"黑名单"制度,建立信息管理系统,对触犯刑律的违法企业实施禁止进入政府采购名单的措施,并在政府采购网站公布,接受公众监督。根据现有的环境违法者名单、环境违法企业"黑名单"以及企业环境信用记录等,提出"禁止或暂停参与政府采购的环境违法企业列表",并将审核确定的企业纳入信息管理系统,对信息管理系统的企业进行分类管理和动态管理。该信息管理系统要和排污许可数据库、信用联合惩戒系统对接。

(四) 推动设立生态环保专家参与政府采购评标机制

积极推动生态环保专家进入政府采购评标专家库。对于金额较大的"两高一资"目录类货物和服务的评标强制要求必须有生态环保专家作为评标专家,对"禁止或暂停参与政府采购的严重环境违法企业信息管理系统"中的企业、政府采购项目环境需求、技术规格中涉及环境内容以及供应商环境信用等进行严格把关,变"最低价标"为"最有利标"。

第五章　北美五大湖恢复行动计划实施
经验及对我国的建议

　　提　要：北美五大湖流域生态修复和保护工作以"北美五大湖恢复行动计划"为核心，建立了完善的五大湖流域生态环境治理体系，有效促进了五大湖流域生态环境质量改善。该行动计划具有如下特点：一是构建责权明晰的管理机制与有效沟通的协调机制；二是坚持专业化与科学化的全过程管控；三是开展全面、深度的生态环保教育和宣传；四是保障资金的透明使用和充分利用；五是信息和科技是计划实施的技术基础。目前，我国湖泊生态环境保护工作存在湖泊生态环境保护法律制度体系分散、湖泊生态环境保护协调机制尚未完善、湖泊生态环境保护资金不足、湖泊管理中的公众参与程度低等问题。借鉴北美五大湖恢复行动计划实施经验，建议我国健全湖泊生态环境保护法律制度体系，建立水质、水量和水生态系统一体化的管理体系，并推动形成便捷顺畅的协调沟通机制、主体多样化的资金保障机制以及完善的公众参与机制。

五大湖位于美国和加拿大边界地区，属于典型的跨界流域。随着经济的发展，五大湖周边的化工业、冶金业等企业呈现了井喷式的增长，未经处理的工业废水曾经直接排放到水体中，污染了湖区大部分河流，造成了河流重度污染，五大湖区一度被称为"生锈地带"和"棕色田野"。美加两国政府高度重视五大湖的湖泊生态修复和保护工作，在两国的共同努力下，现在五大湖的生态环境质量得到了显著改善，其中最为重要的是北美五大湖恢复行动计划的顺利实施，这对我国湖泊生态环境管理具有借鉴意义。

一　五大湖恢复行动计划提出背景及主要内容

（一）五大湖生态环境治理历程

五大湖位于美国和加拿大边界地区，包括苏必利尔湖（Lake Superior）、休伦湖（Lake Huron）、密歇根湖（Lake Michigan）、伊利湖（Lake Erie）和安大略湖（Lake Ontario），湖面面积达 244106 平方千米，流域面积约为 766100 平方千米。除密歇根湖属于美国之外，其他四湖均为加拿大和美国共有，属于典型的跨界流域。

19 世纪末到 20 世纪初，随着世界经济增长中心从西欧转至北美，在美国东北部和中部分别形成了波士顿 - 纽约 - 华盛顿城市群和五大湖城市群。五大湖地区包括了美国的八个州和加拿大的安大略省，便捷的交通、丰沛的水资源、具有全球领导力的制造业以及强大的金融产业，使得该地区成为全球最大的经济体之一。自 2010 年以来，五大湖地区经济一直保持增长态势，年均增长率达到 3.67%，高于同期美国和加拿大的经济增长速度；同时，该地区的经济总量占到整个美国和加拿大经济总量的近 30%，这显示出该地区强大的经济实力。

五大湖城市群的繁荣发展使当地获得了巨大的经济利益，同时也带给原有生态环境系统很大的冲击。20 世纪初，未经处理的工业废水直接排放到水体中，污染了湖区大部分河流，造成了河流重度污染；森林大规模砍伐，五大湖地区的原始森林被破坏殆尽；农业开垦导致土地裸露、水土流失加剧，以及机械化开矿破坏了大量土地，引起了严重的土壤侵蚀；城市迅速扩张造成野生生物栖息地大量减少，导致许多物种灭绝；过度捕捞造成渔业资源匮乏。

20 世纪 40 ~ 60 年代，五大湖地区有机化工和冶金工业得到大力发展，其导致大量重金属和有毒污染物质进入水体，并沉积在湖内对水生生物和人类健康产生了极大的威胁。此外，汽车普及造成含铅废气排放量的增加，以及化肥、杀虫剂的广泛使用，也加剧了五大湖的水污染。该时期，五大湖水体由于严重富营养化而引发水华现象，藻类大量繁殖，水面污浊不堪。到 20 世纪 70 年代伊利湖被宣布为"死海"。

另外，受城市扩张影响，湖区内湿地面积损失将近 2/3，湿地的减少又压缩了野生生物的生存环境，许多物种消失或濒临灭绝。水污染问题对湖区居民和生态系统的影响也非常突出，如 1950～1960 年，当地人口出生率降到极低水平。

五大湖的生态环境治理工作由美国和加拿大联合主导开展，治理历程可分为以下四个阶段：水质改善目标阶段、有毒物质控制阶段、总量控制阶段和五大湖恢复阶段。

1. 水质改善目标阶段（20 世纪初至 20 世纪 70 年代）

1909 年，美加两国政府制定了第一个水质保护协议——《边界水域条约》（The Boundary Waters Treaty），明确了协调解决双边争端和防止水质污染的原则和机制，强调两国在利用水资源时都不得给对方的水资源系统造成危害。美加两国协商成立了"国际联合委员会"（International Joint Commission，IJC），该机构为非营利性专门机构，是五大湖的最高管理机构。1972 年，为了有针对性地保护五大湖区的水环境，美加两国签署了《大湖水质协议》（The Great Lake Water Quality Agreement），该协议规定了两国共同保护五大湖区水质的目标和共同治理的任务。两国在自有法律框架下完成控制污染的任务，包括：减少磷排放、减少石油使用、减少固体废物以及其他导致水质富营养化的物质排放；两国共同对上游湖区污染和污染源治理方面进行研究，制订五大湖区研究计划；逐步扩大监督对象，由对水污染的监督转向对湖区生态系统的监督。协议还规定每 5 年复审一次，必要时签订新协议。到 1977 年，环境监测数据显示，排入湖内的污染物数量明显减少，水质状况显著好转。

2. 有毒物质控制阶段（20 世纪 70～80 年代）

1978 年，美加两国对《大湖水质协议》进行修订，提出统一水质目标，限定磷排放总量，完全禁止永久性有毒物质排放，加强水质检测，严格禁止向五大湖排放难降解的有毒物质。此次修订引入了五大湖流域生态系统的概念，强调在治理水污染的同时，还应考虑空气、水、土地、生态系统与人类之间的相互作用关系。1983 年，该协议再次修订，将水体中磷的削减量加入协议中，并对富营养化问题比较突出的伊利湖和安大略湖制定了削减目标。同年，为了促进五大湖地区的环境保护，美国成立了由沿湖八个州州长组成的"五大湖州长理事会"（Council of Great Lakes Governors）。理事会的主要职责是协调五大湖区各州之间的利益关系，特别是鼓励和促进公共部门和私人部门进行有效合作，共同解决经济与环境之间的现实问题，实现五大湖区经济的可持续增长。1985 年，美加两国经过谈判和协商，签署了《五大湖宪章》（Great Lakes Charter），这是一个非正式协定，宪章规定两国在五大湖周边的州、省共同管理五大湖水资源，各州、省确保本地区内保持一定的水位和流量，批准急需用水地区进行最低限度的调水。1986 年，美国湖区八个州的州长签署了五大湖《有毒物质排污控制协议》，之后加拿大安大略省和魁北克省也在该协议上签了名。

3. 总量控制阶段（20 世纪 80 年代至 21 世纪初）

1987 年，美加对《大湖水质协议》进行第三次修订。协议着重强调对非点源污染、大气中粉尘污染和地下水污染的治理，并首次提出实行污染排放总量控制的管理措施。此后，一大批旨在改善五大湖水环境质量的政策、项目相继出台。1990 年，国际联合委员会两年一次的报告要求将苏必利尔湖设计为难降解有毒物质的"零排放"示范区；1991 年，美加两国政府以及安大略省、密歇根州、明尼苏达州、威斯康星州 4 省（或州）政府就"恢复和保护苏必利尔湖的两国合作计划"达成共识；1995 年，美国环保局颁布了被称为"五大湖水质保护规范"的《五大湖水质导则》；2001 年，美加两国签署了《五大湖宪章》的补充条例，对五大湖区水资源管理进行详细规定，涉及水资源保护、水质恢复、水量储存利用以及相关生态系统保护等。

4. 五大湖恢复阶段（21 世纪初至今）

2004 年，时任美国总统布什签署总统令，成立了"五大湖区域性合作特别工作组"（Great Lakes Interagency Task Force，GLITF），作为五大湖最高管理权力机构。2006 年，加拿大安大略省、魁北克省与美国八个州的代表签署了《五大湖区—圣罗伦斯河盆地可持续水资源协议》，该协议禁止美国南部的干旱州大规模地调用五大湖区—圣罗伦斯河盆地的水资源。同时，该协议要求严格保护水资源，以免大规模调水给当地生态环境带来不良影响。从 2010 年开始，"五大湖恢复行动计划"（Great Lakes Restoration Initiative，GLRI）成为五大湖区环境治理的核心政策，并取得了积极的环境改善成效。

（二）目标和实施原则

2005 年，基于"必须留给后代更好的大湖区"思想，美国有关政府部门和非政府组织联合提出了"五大湖恢复行动计划"（以下简称"行动计划"）。行动计划于 2010 年正式启动，分为三个阶段：第一阶

段为 2010~2014 年，第二阶段为 2015~2019 年，第三阶段为 2020~
2024 年。该行动计划及其配套措施旨在加快保护和恢复全球最大的地表
淡水系统，并最终实现"有安全可食用的鱼、安全的饮用水，可以放心游
泳、冲浪、划船的海滩和海水，保护本地物种和栖息地的繁荣兴旺，没有
社区遭受到污染，五大湖区是人们和野生动物健康居住之地"。

行动计划的长期目标是：基本消除大湖流域生态系统中的所有持久
性有毒物质，保护野生动物数量和栖息地的健康和完整；消除大湖流
域生态系统中新入侵物种的引入影响，构建相关管理机制和评价体系；
确保近水生态、湿地和高原栖息地维持自然种群的健康和功能；保护
和恢复大湖水生和陆地生境，保持或改善本地鱼类和野生生物的状况；
加大信息公开和公众参与，加强双边合作，以解决大湖区面临的复杂
问题。

在实际操作过程中，行动计划制定了责任性、行动性和紧迫性三大
原则，如图 5-1 所示。

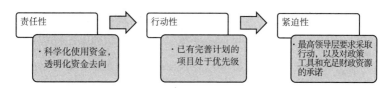

图 5-1　五大湖恢复行动计划的三大操作原则

资料来源：Great Lakes Restoration Initiative Action Plan I（FY2010-FY2014），https：//www.glri.us/sites/default/files/glri-action-plan-fy2010-fy2014-20100221-41pp.pdf。

考虑到五大湖恢复行动计划带来了空前的生态保护的机会，同时也
需要承担更多的责任去落实行动计划，"责任性"原则指出资金的透明

使用是其重要组成部分，同时也需要科学地使用资金。并且，由于生态修护项目繁多，需要对不同种类和程度的项目有所侧重，"行动性"原则指出对陆生生境和水生生境项目有所倾斜，并依据项目准备程度确定优先级别。鉴于五大湖区生态保护的紧迫性，五大湖恢复行动计划已经得到最高层管理者的批复，并提供相应的政策和资金支持，"紧迫性"原则指出马上采取行动有利于增加生态系统的弹性和增强适应气候变化的能力。

（三）重点关注领域

五大湖恢复行动计划致力于解决五大湖流域最主要的生态环境问题，重点关注以下五大领域：有毒物质与关注地区、入侵物种、非点源污染对近岸地区健康的影响、栖息地与物种保护、未来修复行动基础（见图5-2）。

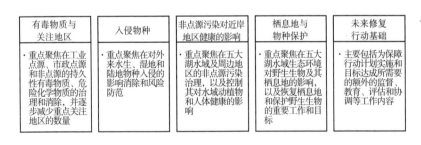

有毒物质与 关注地区	入侵物种	非点源污染对近岸 地区健康的影响	栖息地与 物种保护	未来修复 行动基础
·重点聚焦在工业点源、市政点源和非点源的持久性有毒物质、危险化学物质的治理和消除，并逐步减少重点关注地区的数量	·重点聚焦在对外来水生、湿地和陆地物种入侵的影响消除和风险防范	·重点聚焦在五大湖水域及周边地区的非点源污染治理，以及控制其对水域动植物和人体健康的影响	·重点聚焦在五大湖水域生态环境对野生生物及其栖息地的影响，以及恢复栖息地和保护野生生物的重要工作和目标	·主要包括为保障行动计划实施和目标达成所需要的额外的监督、教育、评估和协调等工作内容

图5-2　五大湖恢复行动计划的五大重点关注领域

注：第五个领域在第一阶段行动计划中原文为"问责、教育、监测、评价、沟通与伙伴关系"，在第二阶段行动计划中改为"未来修复行动的基础"。

资料来源：Great Lakes Restoration Initiative Action Plan I（FY2010 - FY2014），https：// www. glri. us/sites/default/files/glri - action - plan - fy2010 - fy2014 - 20100221 - 41pp. pdf；Great Lakes Restoration Initiative Action Plan Ⅱ（FY2015 - FY2019），https：// www. glri. us/sites/default/files/glri - action - plan - 2 - 201409 - 30pp. pdf。

针对以上五大重点关注领域，第一阶段行动计划设立了相应的长期目标，以确定五大湖所需达到的恢复程度（见表 5－1）。

表 5－1　五大湖恢复行动计划重点关注领域长期目标

领域	长期目标
有毒物质与关注地区	清理关注地区，修复关注地区并减少损害有益用途(BUI)数量
	防止有毒物质的过量释放，基本消除大湖流域生态系统中的所有持久性有毒物质
	通过源头削减和其他减少暴露的方法，大大减少历史污染源中有毒物质的暴露量
	将环境中有毒化学品的水平降低到可以取消对大湖鱼类消费限制的程度
	保护野生动物数量和栖息地的健康和完整，防止大湖流域有毒物质产生不良生化效应
入侵物种	消除大湖流域生态系统中新入侵物种的引入
	将用于各种用途的引进物种对大湖区的风险降至最小
	防止入侵物种通过娱乐活动、连接水道和其他载体出现超出现有范围的扩散
	开发用于监测和跟踪大湖区新确定入侵物种的综合方案，并提供决策者评估潜在快速反应行动所需的最新关键信息
	制定并执行有效果、高效率和环境无害的综合虫害管理方案，包括遏制、根除、控制和减轻
非点源污染对近岸地区健康的影响	近岸水生种群由以天然和归化物种为主的健康、自给自足的植物和动物群体组成
	土地利用、娱乐和经济活动可以确保近海水生、湿地和高原栖息地维持自然种群的健康和功能
	细菌、病毒、病原体、植物或动物的滋扰增长、异味以及其他人类健康风险能够降低到不影响近岸地区居民使用的水平
	通过消除细菌、藻类和化学污染保持高品质的海滩；有效监测病原体；酌情对环境条件进行有效建模；及时向公众传达海滩健康状况和日常游泳条件
	通过更多地实施保护农业、林业和城市地区土壤以及缓慢坡面漫流的做法来大大减少土壤侵蚀和支流中的沉积物、营养物及污染物
	近海地区高质量的及时相关信息随时可用于评估进展情况和告知开明决策

续表

领域	长期目标
栖息地与物种保护	保护和恢复大湖水生和陆地生境,包括物理、化学和生物过程与生态系统功能,保持或改善本地鱼类和野生生物的状况
	采取有效的管理活动(如放养本地鱼类和其他水生物种,修复鱼类的洄游途径,识别和治疗疾病)来保护重要的鱼类和野生生物种群
	通过可获取的具体地点和景观规模的基线情况以及有关鱼类和野生生物资源及其栖息地的趋势信息来促进科学决策
	实施战略计划(如州和联邦物种管理、修复和补救计划,湖区管理计划,补救行动计划等)中确定的高优先级行动,从而实现计划目标,并减少鱼和野生动物及其栖息地的损失
	开发活动的规划和实施是以对环境因素敏感和与鱼类和野生生物及其栖息地相适应的方式进行
未来修复行动基础	建设对大湖区生态系统进行综合评估的联合监测系统
	支持监测和报告的必要的技术和方案基础设施建设,包括所有机构和参与利益相关者可以提出申请的大湖恢复倡议项目;数据和信息公开透明,可以及时方便地在互联网上查询;报告要提供从流域到湖泊到大湖流域的综合数据
	增加大湖的宣传和教育,并为学生提供持续的基础教育,了解大湖区的利益和生态系统功能,以便能够做出决定,确保恢复所需投资随着时间的推移得到加强
	扩大大湖区利益相关者和公民的参与机会与参与范围,为政府提供投入并提高对大湖问题的参与程度
	基于大湖区水质协议的目标和对象开展工作,通过湖区管理计划(LaMPs)和其他的两国流程、方案和计划,在美国和加拿大之间进行协调

资料来源：Great Lakes Restoration Initiative Action Plan I (FY2010 - FY2014), https：//www.glri.us/sites/default/files/glri - action - plan - fy2010 - fy2014 - 20100221 - 41pp.pdf。

　　为了量化五大湖恢复项目的执行情况，评估项目实施效果是否达到既定目标，行动计划分别针对五大重点关注领域制定了完善的评估体系，包括阶段目标、评价指标和主要行动等内容。第一阶段（2010～2014 年）和第二阶段（2015～2019 年）行动计划的评估体系对比情况如表 5 –2 所示。

表 5 –2　五大湖恢复行动计划的评估体系

单位：个

重点关注领域	阶段目标		评价指标		主要行动	
	第一阶段	第二阶段	第一阶段	第二阶段	第一阶段	第二阶段
有毒物质与关注地区	6	2	6	4	4	3
入侵物种	6	3	4	7	7	6
非点源污染对近岸地区健康的影响	10	2	6	6	4	2
栖息地与物种保护	6	2	9	6	5	5
未来修复行动基础	10	3	3	11	4	6
总计	38	12	28	34	24	22

资料来源：Great Lakes Restoration Initiative Action Plan I（FY2010 – FY2014），https：// www. glri. us/sites/default/files/glri – action – plan – fy2010 – fy2014 – 20100221 – 41pp. pdf；Great Lakes Restoration Initiative Action Plan II（FY2015 – FY2019），https：//www. glri. us/ sites/default/files/glri – action – plan – 2 – 201409 – 30pp. pdf。

（四）管理体制

从地域分布来说，五大湖区涉及两个国家：美国 8 个州，加拿大 2 个省，还有 83 个美国郡，数千个城市和城镇，33 个美国部落和超过 60 个在加拿大受到认可的原住民区，这意味着在实施恢复计划时要充分协调好国别、州际、地区之间的利益；从部门管理来说，五大湖面临主要环境问题的解决需要从减少有毒物质、改善水质、遏制外来物种和恢复栖息地等多方面入手，这就需要美国环保局同其他相关部门联合，从而更有效地实施恢复计划。

"五大湖区域性合作特别工作组"（IATF）是五大湖最高管理权力

机构，成员为美国国务卿和多个国家职能部门的行政长官，包括美国环保局、内政部、农业部、商务部、住房和城市发展部、交通部、国土安全部和白宫环境质量委员会等。美国环保局局长是特别工作组的主席，主持协调五大湖恢复行动计划下的各项工作。工作组下属的"区域工作组"（Regional Working Group）负责具体协调项目活动，并就如何实施工作组政策、战略、项目和优先事项提出建议。

"五大湖咨询委员会"（Great Lakes Advisory Board）是美国环保局的联邦咨询委员会之一，旨在帮助确立正确的恢复目标和开展高效的恢复工作，具体组织架构如图 5 – 3 所示。

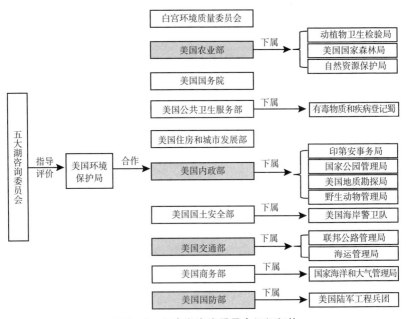

图 5 – 3　五大湖咨询委员会组织架构

资料来源：李媛媛、刘金淼、黄新皓、石磊：《北美五大湖恢复行动计划经验及对中国湖泊生态环境保护的建议》，《世界环境》2018 年第 2 期。

此外，民间组织在五大湖恢复与保护中也发挥着重要作用。2002 年，芝加哥市长牵头成立了"五湖联盟"，这一民间组织由芝加哥、多伦多、魁北克、蒙特利尔等城市参与，共同商讨五大湖的污染治理。2003 年，在"五湖联盟"的基础上，五大湖地区 51 个城市成立了一个区域协调委员会，通过沟通协商解决跨区域的公共问题，包括污染治理和湖泊保护。

（五）资金机制

"五大湖区域性合作特别工作组"负责五大湖恢复行动计划的资金安排，将资金最大化用于五大湖的恢复和保护，并保障资金使用的透明。美国环保局与专责小组合作发布《建议邀请书》（或称《征求意见书》，RFP），确定资助项目，制定年度计划。资助方式主要有：机构间协议、资金转让、赠款及向国家和地区提供能力建设捐款等。行动计划的资金直接拨给美国环保局，美国环保局再拨款给其他合作机构，各机构可自行承担项目，也可委托给其他实体机构如州或部落政府、高校、非政府组织等实施。自行动计划启动以来，美国环保局将超过一半的资金提供给了合作联邦政府机构。

2009 年 2 月，时任美国总统奥巴马提出划拨 4.75 亿美元的专项资金用于支持五大湖恢复行动计划实施。除了第一年（2010 财年）投入4.75 亿美元外，之后七年的投入资金基本保持在 3 亿美元左右。据统计，2010～2017 财年五大湖恢复行动计划共计拨款约 25.6 亿美元，其中五大重点领域资金投入及占比情况如表 5 - 3 和图 5 - 4 所示。可以看出，2010～2017 财年分配到"有毒物质与关注地区"领域的资金比例最高（占 1/3 左右），各年间资金分配有所波动。

表 5 - 3　2010～2017 财年五大湖恢复行动计划重点
关注领域资金分配情况

单位：百万美元

重点关注领域	2010 财年	2011 财年	2012 财年	2013 财年	2014 财年	2015 财年	2016 财年	2017 财年
有毒物质与关注地区	146.9	100.40	107.5	111.0	104.6	117	108	108
入侵物种	60.3	57.50	56.9	45.0	54.6	53	57	59
非点源污染对近岸地区健康的影响	97.3	49.25	54.3	45.0	59.7	55	49	52
栖息地与物种保护	105.3	63.00	57.2	65.5	60.6	46	51	50
未来修复行动基础	65.2	29.25	23.5	17.0	20.5	29	35	31
总计	475.0	299.40	299.4	283.5	300.0	300	300	300

资料来源：GLRI FY2010 - FY2017 Focus Area Allocations，https：//www.glri.us/
funding。

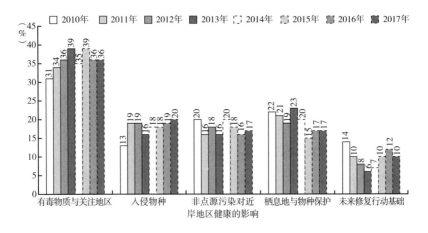

图 5 - 4　2010～2017 财年五大湖恢复行动计划重点关注领域
资金分配比例

资料来源：Great Lakes Restoration Initiative Report to Congress and the President Fiscal
Year 2017，https：//www.glri.us/sites/default/files/fy2017 - glri - report - to - congress -
201902 - 36pp.pdf。

（六）实施进展

目前，五大湖恢复行动计划的第一阶段（2010~2014 年）已经结束，第二阶段（2015~2019 年）正在进行中，第三阶段（2020~2024年）的计划方案还在制定中，尚未发布。依据不同的重点保护领域，行动计划第一阶段共设立了 38 个阶段目标，所有目标的完成情况如表5-4 所示。

表 5-4 五大湖恢复行动计划第一阶段目标完成情况

单位：个

重点关注领域	第一阶段目标数量	已完成的目标数量（其中推迟完成的目标数量）	部分完成的目标数量	未获得数据的目标数量	完成情况
有毒物质与关注地区	6	5(0)	0	0	×
入侵物种	6	5(2)	1	0	×
非点源污染对近岸地区健康的影响	10	5(0)	1	1	×
栖息地与物种保护	6	2(0)	1	1	×
未来修复行动基础	10	10(0)	0	0	√

资料来源：Great Lakes Restoration Initiative Report to Congress and the President Fiscal Year 2010 - 2014，https：//www. glri. us/sites/default/files/fy2014 - glri - report - to - congress - 20150720 - 50pp. pdf。

因行动计划第二阶段还在进行中，故无法对第二阶段目标的完成情况进行评估。行动计划第二阶段共设立了 34 个评价指标，2015~2017财年评价指标的年度合格情况如表 5-5 所示。

表 5 - 5　五大湖恢复行动计划第二阶段评价指标年度合格情况

重点关注领域	第二阶段评价指标的年度合格情况		
	2015 财年	2016 财年	2017 财年
有毒物质与关注地区	×	×	√
入侵物种	√	√	√
非点源污染对近岸地区健康的影响	√	√	√
栖息地与物种保护	√	√	×
未来修复行动基础	√	√	√

资料来源：Great Lakes Restoration Initiative Report to Congress and the President Fiscal Year 2017，https：//www. glri. us/sites/default/files/fy2017 - glri - report - to - congress - 201902 - 36pp. pdf。

二　五大湖恢复行动计划特点分析

（一）构建责权明晰的管理机制与有效沟通的协调机制

一是设立专门的五大湖流域管理机构。五大湖恢复行动计划实施流域管理制，五大湖地区内各级政府、机构和民间组织共同参与流域保护，通过成立特别工作组、咨询委员会等组织机构构建多层管理机制，加强利益相关方之间的协调沟通，共商五大湖生态环境治理。

二是五大湖流域管理权责分明。五大湖流域管理机构是流域综合管理的执行、监督和技术支撑主体部门，在流域综合管理的框架下，对流域、支流以及近岸城市等不同地方、领域适度分权；为了确保责任落实到位，五大湖流域管理机构确立了统一的标准、共同的目标，并把责任进行分摊，因此保障了相关政策、措施和项目的实施和开展。

三是良好协调机制保障决策顺利进行。一方面，五大湖管理协调机制层次高，工作组和委员会的成员包括美国国务卿、白宫环资委员会以及重要国家职能部门的行政长官，高规格的成员结构确保沟通畅通有效，并通过搭建跨部门组织、对话平台等开展跨地区协作；另一方面，五大湖管理规划和决策过程透明，保障不同利益方能够以平等的地位合理表达自身诉求。

（二）坚持专业化与科学化的全过程管控

五大湖流域管理坚持从规划制定、项目实施到效果评估的全过程科学化管控。从专业角度出发，五大湖管理的参与者多为与五大湖恢复行动计划实施相关的专业人才，包括美国环保局、农业部、商务部、内务部等，也包括地区城市组织、商会和社会民众。这种模式既能确保五大湖流域管理具备所需专业知识，又能掌握五大湖生态环境现状，提出的建议、制定的标准等不仅符合实际，而且具有一定的科学规范。五大湖流域管理相关部门需要定期提交战略框架和工作计划，包括经协商讨论后通过的远期目标、近期目标、规划期限、组织方式以及具体措施等。五大湖行动计划尤其重视对行动效果的评估，在第一阶段率先确定开发综合评估大湖生态系统健康状况的完善科学指标，并由政府、学术界和非政府组织共同收集科学信息完成评估，保证了后续方案的实施和保护行动的开展。

（三）开展全面、深度的生态环保教育和宣传

五大湖恢复行动计划将湖泊保护的宣传教育融入社会教育、学校教

育、家庭教育等多方面，并致力于构建高质量、全环节的教育体系，为大湖环保宣教建立长效机制。政府机关、流域管理机构、相关企业、社会组织等都设有相关的宣传部门，这些部门会组织多样的宣传教育活动，提供大量的宣传资料，包括流域的规划、技术报告和流域机构年度报告等。此外，结合新媒体等宣传工具，利用广告牌、广播、电视、网络等平台进行宣传，确保宣传形式多样，争取全民共识。行动计划还推动将大湖保护课程纳入核心教育课程和考核体系中，强化对教师队伍的培训，开展学生参与式、互动式的学习模式，建立持续长效的教育培训机制。

（四）保障资金的透明使用和充分利用

五大湖恢复行动计划充分利用经济手段和资金保障项目的实施，并且关注资金使用的透明度。美国环保局和其他机构协商设立了跨部门特别工作组，负责监督五大湖恢复行动计划的资金安排，并且依靠年度计划确定资助项目，将资金投入规模纳入项目的阶段目标中，依据技术报告监督和跟踪资金的使用情况，保障资金使用的公开透明。行动计划统筹安排保证资金最大化利用，同时确保资金使用向重点关注领域倾斜。

（五）信息和科技是计划实施的技术基础

五大湖恢复行动计划与信息科技和互联网技术广泛融合，将信息技术的应用纳入信息收集、规划编制和考核目标中。2011 年开发和试用的大湖责任制系统初始版本，主要内容包括制定透明的战略规划、预算编制和业绩监测等内容，并建立和改进大湖环境数据库（GLENDA）；开展"合作科学与监测计划"（CSMI），对湖泊进行密集的科学的监测，并且提供必要的数据来评估其是否符合具体的环境目标。为支持和鼓励信息技术的应用，美国设立140多个资金管理项目，用以支持信息管理和科技开发。

三　我国湖泊生态环境保护面临的问题

（一）湖泊生态环境保护法律制度体系分散、缺乏系统性

目前，我国湖泊生态环境治理的法律制度体系还相对分散，缺乏系统一致性。我国尚没有一部专门针对湖泊保护和管理的国家基本法律，导致我国湖泊管理内部法律法规之间缺乏协调。地方政府各自制定的湖泊保护法律法规之间也因缺乏一部具有协调性的基本湖泊法而导致彼此之间缺乏协调衔接，甚至存在相互矛盾和歧义之处。2013年，环境保护部出台的《良好湖泊生态环境保护规划（2011—2020年）》成为湖泊生态环境保护的重要行动指南，但由于这一规划是由环境部门牵头制定的，难以在其他相关部门得到有效执行，从而影响了政策实施效果。另外，我国湖泊生态环境管理制度设计不够科学。我国现有的各项湖泊管理制度并不是从湖泊管理和保护的要求出发，而是从某一资源的开发利用和保护角度或是从某一部门管理的角度制定的，人为地将"水质、水量、水生态"等湖泊系统要素割裂开来，管理制度设计的局限性必然导致湖泊生态环境恶化。

（二）湖泊生态环境保护协调机制尚未完善

2018 年 1 月，中共中央办公厅、国务院办公厅发布《关于在湖泊实施湖长制的指导意见》，要求到 2018 年底前在湖泊全面建立湖长制，建立省、市、县、乡四级湖长体系。湖长是湖泊管理的第一责任人，也是最高层级责任人，要统筹协调湖泊与入湖河流的管理保护工作，确定湖泊管理保护目标任务，组织制定"一湖一策"方案。由于湖泊管理涉及环境等多个部门，各部门之间权责关系不明晰，缺乏信息沟通和行动协调，因此制约着湖泊有效管理。例如，对湖泊水环境方面的监测而言，环境部门、水利部门都有各自的监测系统，两个部门之间缺乏数据共享，并且在监测点位设定、监测方法确定等方面存在差异，导致数据差距较大，而基于不同数据的决策也难以相同。此外，部门间由于缺乏有效的协调沟通机制，采取的措施可能相互冲突，极大地影响了湖泊的生态环境保护工作。

（三）湖泊生态环境保护资金不足

湖泊生态环境保护涉及规划、监测、监察、治污工程、生态修复等各方面的项目工程，资金需求量巨大。然而，目前我国湖泊生态环境保护领域资金严重不足，多元化的资金筹措机制尚未完全形成。主要表现在湖泊污染治理过多依赖国家财政投入，地方政府往往等待上级政府财政支持，普遍缺乏创新的融资手段，缺乏社会资金的有效注入，导致湖泊治理常常捉襟见肘。

（四）湖泊管理中的公众参与程度低

目前，我国湖泊生态环境管理中存在公众参与总体水平偏低，参与程度不高，参与效果不理想，参与渠道和途径少、不通畅等问题。具体而言，一是公众参与湖泊管理的形式存在一定的局限性，利益相关方的代言组织还没有发育完全，很多情况下是由政府部门代行，并不能完全代表相关利益；二是公众听证方式的参与者易受主持方操控，由于信息不对称，听证会代表难以对听政方案提出实质性的抗辩意见，听证记录对政府决策缺乏明确的约束作用；三是专家论证方式的参与者不代表相关利益，存在不负责任的道德风险；四是征询意见方式面临的主要问题在于公众意见发散，且易受舆论误导。

四　对我国湖泊生态环境保护管理的建议

（一）健全湖泊生态环境保护的法律制度体系

建议我国在湖泊流域生态环境系统管理的理念指导下完善湖泊管理法律法规体系。首先，加快研究制定一部专门针对湖泊保护和管理的国家基本法律，对湖泊流域生态系统管理体制、综合规划等一系列问题做出强制性的规范。同时，要将湖泊视为生态系统进行保护和开发利用，将湖泊生态承载力等问题纳入法规范围中，实现湖泊的永续开发和利用。其次，在我国湖泊流域生态环境系统管理法律法规体系的构建中应考虑湖泊的差异性，因地制宜，针对特定湖泊制定相应的法规政策，在湖泊基本法律法规的指导之下实现"一湖一法""一湖一策"。

（二）建立水质、水量和水生态系统一体化管理体系

就湖泊管理内容而言，我国多强调污染控制，忽视对水量和湖泊水生态系统的综合管理。分析五大湖恢复行动计划战略目标可以发现，湖泊治理策略已不再局限于污染控制，而是向水质保护、水文条件恢复、有毒有害物质去除、河流地貌多样性恢复、栖息地保护及生物群落多样性恢复等方向发展。借鉴五大湖恢复行动计划的成功做法，建议我国应在建立水功能区限制纳污红线的基础上，划定湖泊水位红线与湿地红线等湖泊保护红线，树立水量、水质和水生态系统全方位的综合管理理念，加强湖泊水质监测与评价，将水生生物监测与评价纳入日常水环境监测。

（三）形成便捷顺畅的协调沟通机制

针对我国目前湖泊生态环境管理中存在的协调不畅、信息不通等问题，建议我国完善以党政领导负责制为核心的湖长体系，建立有效的跨部门的协调沟通机制和信息共享机制。首先，在湖长制基础上建立湖泊生态环境保护相关部门间定期议事协调机制，由湖长担任该机制的统筹协调负责人，办公室设在生态环境部门，在厘清职责、明确分工的前提下，围绕湖泊生态环境综合管理的重大事项、重点工程开展多部门的协调沟通，形成统一认识，确保统一行动，实施统一监管。其次，建立部

门间信息共享机制，围绕湖泊生态环境保护的基本信息，构建专门的湖泊信息共享平台，统一信息来源、收集、甄别、发布的规范标准，确保信息的全面、准确和部门间的充分掌握，避免由信息不对称带来的决策失误。建议由环境部门牵头组建湖泊生态环境保护基础信息库，涉及污染物排放、水质、数量、地形、气候等多个模块，分部门负责，统一使用。

（四）建立主体多样化的资金保障机制

我国应建立"中央引导、地方为主、市场运作、社会参与"的多元化资金投入机制。加大中央财政资金的投入力度，明确财政性资金投入的领域（重点是基础性、公共性领域的投资），增强财政性资金在湖泊生态环境综合治理中的基础性、引导性作用。同时，加大政策扶持力度，制定优惠政策鼓励社会各方参与湖泊治理，强化运用市场运作模式进行项目建设，鼓励发行湖泊治理债券，广泛吸引社会资金、民间资本参与湖泊保护治理，推动形成合理的、多元化的资金供给格局。此外，应积极引导金融机构加大治理信贷投放力度，重点增加项目建设信贷资金，强化资金投入绩效评估和监管机制，切实提高资金使用效益。

（五）完善公众参与机制

针对我国湖泊管理过程中缺乏公众参与的现状，建议构建湖泊流域管理的公众参与体系，进一步完善公众参与机制。首先，应加快完善湖泊生态环境保护的信息披露体系，使公众可以便捷准确地获得湖泊相关领域的真实、全面的信息。其次，要搭建公众参与平台，确保公众参与途径多样，积极利用网络、电视、新媒体等媒介，以及圆桌论坛、听证会、专家座谈会等参与方式，使得公众能够以有效的形式和方式参与湖泊生态环境保护工作，从而形成全社会共同监督、管理湖泊的合力。

第六章　美国环境激素污染防治经验及对我国的建议

　　提　要：美国在环境激素的种类、污染途径、污染源、作用机理、生态危害、污染控制和防治对策等方面积累了丰富经验。美国环境激素污染控制有如下特点：一是出台了多部法律法规，明确了对环境激素的监管规定；二是建立了环境激素监管机构；三是开展内分泌干扰物筛查项目，为环境激素的监管提供科学支持；四是公众参与贯穿于环境激素识别过程；五是合规和执法贯穿于环境激素污染控制的全过程。我国存在环境激素污染现状不清、管理体制混乱、排放标准缺乏、科学研究不足等问题。建议我国未来完善环境激素监管机构，明确各部门职责；完善我国针对环境激素的法律法规和标准；加强基础研究；强化源头治理，建立监管体系。

环境激素是一种被广泛关注的新兴污染物，又被称为内分泌干扰物。环境激素极少来自自然，主要是从人类生活生产活动中产生并释放到周围环境，可导致各种生物生殖功能下降、生殖器生长肿瘤、免疫力降低，并引起各种生理异常。环境激素包括农药中的有机磷类、有机氯类、拟除虫菊酯类等，烷基酚类，重金属类，一些烃类化合物以及多溴联苯类。环境激素来源广泛、状态多样且传播途径多种多样，存在于全球范围内且难以降解。即使背景浓度低，也可通过食物链逐级放大，以较高的浓度进入并蓄积于高等动物及人体内。近年来，环境激素污染问题越来越严峻，成为生物健康的潜在威胁因素，关系着人类的生存繁衍。美国在环境激素的污染防治方面起步较早，拥有严苛的政策法规、完善的管理体制，开展了"内分泌物筛查项目"，实现了对环境激素在生产、销售、使用、排放的全过程管理，值得我国借鉴。

一 环境激素的来源和途径

（一）环境激素的定义

环境激素，又叫环境荷尔蒙（Hormones）或环境内分泌干扰物（EDCs），多为人工合成，是环境中存在或由于人类活动而释放到环境中的（见表6-1）。环境激素往往表现出持久性强、危害隐蔽性高、毒性协同作用等特点，并进而引起极大的生物学毒害效应。

表6-1　常见环境激素及其用途和来源

类别	名称	用途/来源
邻苯二甲酸盐	邻苯二甲酸丁基苄基酯 邻苯二甲酸二(2-乙基己基)酯 邻苯二甲酸二正丁酯	存在于洗涤剂、树脂、塑料生产中使用的一些成瘾剂和单体中
杀虫剂	DDT、DDE、溴氰菊酯、呋喃丹、莠去津、林丹、万乃洛林、多菌灵和三丁基林	广泛用于农业,杀虫剂、除草剂和杀菌剂都包含在这一类中
有机锡化合物	三丁基锡、三苯基锡	船用防污涂料所用化合物
烷基酚类(表面活性剂)	壬基酚、壬基酚聚氧乙烯醚、辛基苯酚、辛基苯酚乙氧基化物	用于苯酚树脂的生产,作为塑料添加剂、乳化剂,在农业和工业生产应用中
双酚	双酚A	用于制造聚合物(聚碳酸酯和环氧树脂)、阻燃剂和橡胶化学品
对羟基苯甲酸脂类	甲基、乙基、丙基和对羟基苯甲酸丁酯	在大多数化妆品、个人护理用品中用作防腐剂的化合物
多氯联苯	2,2′,4,4′-四溴化二苯醚、2,5-二氯-4-羟基联苯	在变压器、电容器和其他电气设备被用作冷却剂和润滑剂
多环芳烃	芴、菲、荧蒽、蒽、芘和萘	煤、油、木材不完全燃烧过程中产生的化合物
合成固醇类	己烯雌酚与17α-炔雌醇	临床上口服避孕药和更年期替代疗法中使用的类固醇
植物雌激素	染料木黄酮、肠二醇、肠内酯	在许多粮食作物中如谷物、蔬菜、水果等发现的天然物质
天然荷尔蒙	雌二醇、17β-雌二醇	存在于人体尿液和动物的自然排泄中

(二) 水体中环境激素来源和途径

1. 来源

从生产和使用源头上看,水体中环境激素主要来自工业生产、医疗、畜牧、水产养殖以及农业生产过程。

第一，制药厂及某些化工厂是水体中环境激素的第一来源。制药厂和化工厂在生产过程产生的废水中含有多种难降解的具生物毒性的物质和较高浓度的环境激素类化合物，经生化处理后，废水内残留的抗生素仍不能被完全降解。

第二，生活和医疗激素类药物也是水体中环境激素污染的主要来源之一。医院的废水废物在进入城市固体废物处理系统前就已经对周边环境产生了一定的污染。

第三，畜牧和水产养殖场也是水体中环境激素的主要来源之一。研究表明，美国养猪市场中，有35%的饲料中含有抗微生物药物，其中20%含有不止一种，而长期使用含该类药物饲料的占51%。此外，激素类药物在水产养殖的使用频率也越来越高，目前水产养殖中用得最多最广的有类大环内酯类、磺胺类、四环素类、呋喃类以及喹诺酮类。

第四，农业活动也会产生药物污染，大部分农业使用的药物会进入土壤，最终污染表面径流或者地下水。

2. 途径

环境激素经生产并被人体、畜禽及水生生物摄取之后可通过多种途径进入水体中，具体表现在以下几个方面。

第一，进入污水处理厂的环境激素大部分不能被有效去除而通过出水进入地表水；

第二，垃圾填埋场渗滤液中的环境激素可以通过土壤条件渗入地下水层，或者扩散到河流等地表水系统；

第三，污泥和动物粪便常被用于农田施肥，而其中的抗生素和环境激素则随农田灌溉系统或雨水进入地下水和地表水环境；

第四，未经处理的污水和废弃物中的抗生素和环境激素直接进入地表水和地下水。

二　美国环境激素监管体系

（一）　出台多部法律法规，明确了对环境激素的规定

为了控制水体污染，美国接连出台了《水质法》（Water Quality Act）、《清洁水法》、《安全饮用水法》（Safe Drinking Water Act，SDWA）等多部法律。《安全饮用水法》中第 136 款明确提出要开展内分泌干扰物筛查项目，授权美国环保局可以在内分泌干扰物筛查项目下对包括《联邦食品、药品和化妆品法案》（FFDCA）提到的物质进行检测；此外，如果美国环保局局长确认大量的人口可能会接触到饮用水中的某种物质，美国环保局也有权对此进行检测和测试。《安全饮用水法》中还指出，如果发现任何具有内分泌效应的物质，美国环保局应酌情依据可利用的法定权限来采取行动，以确保公共卫生的安全。

《联邦食品、药品和化妆品法案》是美国国会在 1938 年通过的一系列法案的总称，其赋予美国食品药品监督管理局（FDA）监督监管食品安全、药品及化妆品的权力，此后也经过多次的修订。《联邦食品、药品和化妆品法案》明确提出，在该法案生效的两年内，美国环保局要在咨询健康和人类服务委员会的基础上，制定内分泌干扰物筛查项目，利用合适且有效的测试方法以及其他相关的科学信息来确定某些物质是否会对人类产生类似于自然产生的或由美国食品药品监督管理局局

长指定的内分泌干扰物所带来的影响。此外，《联邦食品、药品和化妆品法案》还对美国食品药品监督管理局要检测的物质进行了规定，要求美国环保局要对所有的农药化学品以及其他可能造成与农药化学品类似反应的物质进行测试。

（二）建立了环境激素监管机构

为了控制环境激素，美国环保局于 1996 年成立了一个联邦咨询委员会（EDSTAC）和内分泌干扰物筛查及检测咨询委员会。根据美国环保局的指示，联邦咨询委员会于 1998 年完成了关于环境激素的终期报告。① 美国环保局于 1998 年 8 月的联邦登记册（Federal Register）通知中制定了内分泌干扰物筛查项目（EDSP）。内分泌干扰物筛查项目中的大多数工作由美国环保局的四个办公室和五个主要委员会协调进行。

1. 美国环保局办公室

内分泌干扰物筛查项目由四个美国环保局办公室推进和实施：①科学协调与政策办公室（The Office of Science Coordination and Policy, OSCP）；②农药计划办公室（The Office of Pesticide Programs, OPP）；③污染预防及毒物办公室（The Office of Pollution Prevention and Toxics, OPPT）；④水务办公室（Office of Water, OW）。四个办公室与研究和发展办公室（ORD）及总法律顾问办公室（OGC）相互支持、相互合作，共同成立了内分泌干扰项目联邦咨询委员会（见图 6 - 1）。其中，科

---

① U.S. EPA, Endocrine Disruptor Screening and Testing Advisory Committee (EDSTAC), Final Report, August 1998.

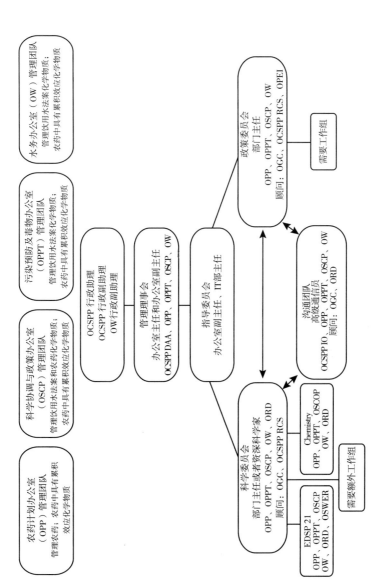

图 6 - 1 内分泌干扰物筛查项目组织结构

学协调与政策办公室主要负责：①二级试验的开发/验证、同行评审及法规实施；②EDSP 21 世纪工作计划的制定与实施；③协调、沟通和内分泌干扰物筛查项目网站管理；④信息收集请求（ICR）；⑤对一级筛查或二级试验方法的修订。农药计划办公室主要负责：①指令下达及农药活性/惰性成分的管理；②农药活性/惰性成分数据审查；③农药中化学物质技术问题的解决；④农药的证据权重及监管决策。污染预防及毒物办公室/水务办公室主要负责：①根据《安全饮用水法》进行化学物质曝光识别以满足《联邦食品、药品和化妆品法案》和《安全饮用水法》的指令；②《联邦食品、药品和化妆品法案》和《安全饮用水法》的政策及程序执行；③指令下达及饮用水中化学物质的管理；④《安全饮用水法》中化学品的数据审查及技术问题的处理（OSRI）；⑤饮用水中化学物质的技术问题；⑥饮用水化学品的审查证据权重及监管决策。

2. 管理委员会

内分泌干扰物筛查项目内部还成立了管理委员会，当决策在任何管理层上都不能协调时，问题就会被提请至管理委员会审议。管理委员会的基本结构及其各部分的职能如表 6-2 所示。如果在评估其他科学相关信息（OSRI）或一级和二级数据分析时出现复杂的科学问题，则该问题会被提交至科学委员会供审议和确定。该委员会的建议会被提交至指导委员会做最后决定，必要时，指导委员会在做出最后决定之前向管理委员会做简报。虽然管理结构的存在是为了加强决策者之间的协调，但它并不僵化或限制在其结构之外可能出现的沟通方式。同时，内分泌干扰物筛查项目致力于寻找流程简化的机会。随着计划的推进，该机构继续实施"适应性管理"的方法，通过流程简化和/或委员会合并来确保过程效率，以实现资源优化。

表6-2　内分泌干扰物筛查项目委员会基本结构及职能

委员会	职能	委员会成员
管理委员会	整个内分泌干扰物筛查项目的管理决策	负责化学品安全和污染防治办公室的副助理局长以及水办公室、农药项目办公室、污染预防及有害物质办公室和科学协调与政策办公室的处长
指导委员会	为科学、政策预算及信息技术问题提供管理监督	水办公室、污染预防及有毒物质办公室、农药项目办公室和科学协调与政策办公室的办公室副处长；必要时，污染预防及有害物质办公室、农药项目办公室、法律总顾问办公室和研究和发展办公室的信息技术部门主任可加入
科学委员会	为一级和二级试验数据评估提供科学方法/指导，并就复杂及新颖的科学问题提供监督和建议	水办公室、污染预防及有害物质办公室、农药项目办公室、研究和发展办公室、科学协调与政策办公室的科学风险评估处处长和高级科学顾问；必要时，其他研究和发展办公室专家也可加入
政策委员会	制定和编制政策及程序，以反映当前 EDSP 问题；协调政策和程序的发展，请愿书的回应，国会质询及 ICRS	水办公室、污染预防及有害物质办公室、农药项目办公室和科学协调与政策办公室的风险管理部门主任；必要时，监管协调人员、法律总顾问办公室和政策、经济和创新办公室可加入
沟通团队	协调所有内部和外部沟通，确保美国环保局信息的一致性。提供 EDSP 管理数据库的开发和监督	污染预防及有害物质办公室、农药项目办公室、科学协调与政策办公室、水办公室的高级通信官员；必要时，法律总顾问办公室和研究与发展办公室可提出建议

（三）开展内分泌干扰物筛查项目

1996 年 10 月，在《联邦咨询委员会法案》（FACA）的授权下，美国环保局成立了内分泌干扰物筛查测试咨询委员会，就如何制订符合国会要求的筛选和测试计划向美国环保局提出建议。内分泌干扰物筛查测试咨询委员会成员负责为科学防御筛选计划提出一致性建议，该筛选计划为美国环保局提供必要的信息，以便就化学品的内分泌效应做出监管决策。内分泌干扰物筛查测试咨询委员会成员就科学信息进行了全面的审查和讨论，并征求其他专家和公众的意见。1998 年 9 月，内分泌干扰物筛查测试咨询委员会将最终计划报告提交给了美国环保局，确立了开启内分泌干扰物筛查项目，旨在通过两级方法筛查杀虫剂、化学品和环境污染物，以了解它们对雌激素、雄激素和甲状腺激素系统的潜在影响。2009 年 4 月 15 日，美国环保局公布了内分泌干扰物筛查项目的初步筛查政策和程序，以及第一批待筛查的化学物质；2009 年 10 月 29日，美国环保局开始发布第一批化学品清单测试指令。

1. 筛查方法

内分泌干扰物筛查项目被授权使用已证实的方法对潜在内分泌干扰素类化学物质进行筛查与测试，判定不良反应、剂量效应以及评估风险，根据现行法律从根本上管控其风险。内分泌干扰物筛查项目主要采用化学品分级筛查方法，具体为：①第一级筛查数据用于识别可能与内分泌系统相互作用的物质。通过第一级筛查的化学物质如果具有与雌激素、雄激素或甲状腺激素系统相互作用的可能性，则应进入第二级测试。②第二级测试数据可识别由该物质引起的任何与内分泌相关的不良反应，并建立剂量与该不良反应之间的定量关系。第二级测试结果结合其他危险信息以及对特定化学品的暴露评估，从而进行风险评估。美国环保局会根据风险评估结果采取相应的风险缓解措施，必要时会对相关化学物质做出监管决定。

随着内分泌干扰物筛查项目筛查测试要求的普及，该测试逐渐演变为例行评估。内分泌干扰物筛查项目希望利用农药登记审查程序作为其在管理农药内分泌筛查方面职责的框架，并打算将这些要求定期纳入农药登记审查程序。虽然美国环保局有权要求制造商进行第一阶段化验，但内分泌干扰物筛查项目计划在开始常规化验额外化学品之前，根据化学品清单收到的最初测试数据，评估第一阶段化验的效能。如果在农药注册审查时就有内分泌干扰物筛查项目数据，则美国环保局在制定《联邦杀虫剂、杀菌剂和灭鼠剂法案》（FIFRA）时会考虑该数据。内分泌干扰物筛查项目分析方法的关键组成部分包括：①分析验证；②化学选择/优先化；③政策及程序执行；④高通量筛查与计算模型的使用。

2. 技术步骤

内分泌干扰物筛查项目当前的技术程序包括：①选择各种化学品的优先次序，用于未来化学品的优先次序、靶向测试以及支持潜在的内分泌干扰物筛查项目豁免决定；②一级筛查试验测试指令的发布；③一级试验数据审查；④建立证据权重相关规定，根据其与内分泌系统相互作用及剂量－反应关系，以确定是否将该化学品推进至第二级试验；⑤二级试验指令发布，数据审查及风险评估与风险确定的整合（见专栏6－1）。

专栏6－1　内分泌干扰物筛查项目技术步骤

1. 各种化学品的优先排序

美国环保局认为《联邦食品、药品和化妆品法案》和《安全饮用水法》为内分泌干扰物筛查项目下各种领域的大约 10000 种化学品提供了一个明确的范围，并且这种对各种领域的界定解决了公开提名及曝光等问题。关于未来优先化概念的其他信息可在补充文件——《EDSP 化学品领域和一般验证原则》中找到。

2. 一级筛查试验指令的发布

美国环保局于 2009 年 4 月 15 日公布了第一份一级筛查化学品（67 种杀虫剂和惰性成分）试验清单，并于 2009 年 10 月 29 日发布了测试指令。给予注册者两年时间完成一级筛查，且注册者可通过一定测试依据要求延长试验时间。预计一级测试指令发布时会有类似程序。

3. 一级试验数据审查

根据 1999 年联合科学咨询委员会和《联邦杀虫剂、杀菌剂和灭鼠剂法案》的科学咨询小组（FIFRA SAP，EPA – SAB – EC – 00 – 013，1999 年 7 月）的建议，对每次测定以及整组试验的功能进行了中期审查。对一级整组试验的性能评估是在有足够化学品样本的基础上进行的，且 FIFRA SAP 在 2013 年 5 月将评估结果交给了外部科学同行审查。SAP 最终报告于 2013 年 8 月提交给了美国环保局。

4. 证据权重的确定

在完成化学药品一级化验审查之后，根据证据权重指导文件制定证据权重相关规定。2011 年 9 月，FIFRA SAP 发布了用于评价一级化验结果的证据权重指导文件，该文件提供了其他科学相关信息以及根据 CFR 第 40 节第 158 条提交的可用于证据权重评估的其他数据。美国环保局的方法在 2013 年 7 月 30 日至 8 月 2 日的 FIFRA SAP 会议上受到 FIFRA SAP 的外部同行评审。SAP 最终报告于 2013 年 11 月提交。

5. 二级试验指令发布

当一种化学品通过证据权重得出其存在内分泌相互作用的潜力，并且需要额外的数据时，FIFRA SAP 可能需要对其进行二级测试或者更有针对性的测试。与一级试验不同，二级试验不是一系列试验，而是有针对性的研究，以提供必要的定量剂量 - 效应水平信息，需要时，以告知风险评估和风险管理决策。FIFRA SAP 会对需要进行二级测试的化学品发布测试指令，数据通过常规危险性评估标准评估。美国环保局管理程序通常用这些标准来评估对人类和生态健康的潜在风险。美国环保局的风险评估指导方针及其基本科学原理是公开的，并已得到广泛的同行审查。

3. EDSP 21 世纪工作计划

意识到需要对新兴的毒性测试技术进行更全面地审查，美国环保局要求国家研究委员会编写一份文件，提出实施毒性测试的战略，内分泌干扰物筛查项目于 2011 年 9 月 30 日发布了将计算毒理学工具纳入内分泌干扰物筛查项目的计划，该计划被称为 "21 世纪内分泌干扰物筛查计划"，即 "EDSP 21 世纪工作计划"。自 2012 年开始，内分泌干扰物筛查计划开始了一个多年过渡阶段，科学验证以及计算毒理学方法和高通量筛选更高效的使用，使美国环保局能够更快、更经济地评估潜在的化学毒性。

EDSP 21 世纪工作计划包括：计算型或硅模型与基于分子的体外高通量筛查分析相结合，以便对需要一级筛查的化学品进行优先排序，促进有针对性的体内一级测试，并最终替换现有的以组测验的方式（无针对性）。根据新的计算方法，时间框架可因特定监管应用验证的时间而定；对于化学品的优先顺序，可使用一组高通量系统测试和计算机化专家系统来分析和预筛选各种化学品（比如定量结构－活性关系模型、高通量试验、暴露模型等）。在此预筛选阶段，通过上述计算模型和暴露具体考虑的组合所确定的化学品优先顺序进行一级筛查组试验。中期时，在高通量体外试验鉴定的生物活性以及适当的计算机化专家模型的基础上，一级筛查试验会对这些化学品依次评估。此外，适当时，某些体内一级筛查试验的结果会被体外/在硅胶模型中一个或组合验证的结果代替。长期目标是通过来自体外/硅胶模拟试验的数据与现有数据的结合完全取代目前的一级筛查组试验，从而完全免除或大大减少动物试验。

（四）公众参与贯穿于环境激素识别过程

美国环保局在实施内分泌干扰物筛查项目时考虑到了公众及所有相关者的利益，并与国际组织相协调。联邦咨询委员会负责执行国会的指令并向美国环保局提供咨询意见。1998 年，美国环保局成立了一个标准化及验证工作组（Standardization and Validation Task Force，SVTF）。这个工作组由各领域代表组成，包括联邦机构、农业化学公司、日化公司以及环境和公共卫生组织，主要负责协调进行一些科学技术工作，对筛查化验结果进行验证。2001 年，美国环保局成立了内分泌干扰物方法验证小组委员会（Endocrine Disruptor Methods Validation Subcommittee），这是根据《联邦咨询委员会法案》设立的一个咨询委员会。作为替代方法验证机构统筹委员会（ICCVAM）的创办人和联合主席，美国环保局遵循了机构间相互验证的框架，制定和完善了减少动物使用的检测方法，改进了涉及动物的实验程序，使实验动物少受刺激。除了替代方法验证机构统筹委员会的验证方法外，美国环保局还参考了欧洲替代方法验证中心（ECVAM）的欧洲方法。因为一些筛查分析涉及经济合作与发展组织（OECD）的协同验证努力，经济合作与发展组织的国际方法也被纳入考虑范围。2004 年，美国环保局又成立了内分泌干扰物方法验证咨询委员会（EDMVAC）。同内分泌干扰物方法验证小组委员会一样，内分泌干扰物方法验证咨询委员会继续向美国环保局提供关于内分泌干扰物筛查项目中一级筛查及二级检测的科学技术方面的建议。2007 年，内分泌干扰物方法验证咨询委员会解散，由《联邦杀虫剂、杀菌剂和灭鼠剂法案》的科学咨询小组（FIFRA SAP）向美国环保局管理方提供科学建议、信息及提议，以说明管制行动对健康和环境的影响。《联邦杀虫剂、杀菌剂和灭鼠剂法案》的科学咨询小组继续对相关的科学问题、协议、数据以及验证过程中实验数据解释进行评估。

三 美国对环境激素类物质全过程管理体系案例——以农药为例

美国对农药的监管措施包括联邦农药相关法律制定、农药注册程序建立、农药标签审查以及法律遵守执行监管等。

（一）农药管理法律法规制定

美国对农药的管理遵循两大法案：《联邦杀虫剂、杀菌剂和灭鼠剂法案》和《联邦食品、药品和化妆品法案》。《联邦杀虫剂、杀菌剂和灭鼠剂法案》规定，美国环保局应登记所有在美国销售或分销的农药

（包括进口农药）；农药注册需要先通过科学数据及产品使用风险及收益评估；农药标签应提供农药使用相关信息；面对紧急情况和特殊需要时，可适当使用未注册的农药或用于其他用途的农药；可暂停或取消产品注册；需对农药处理区的工作者进行培训，并对限用农药的施用者进行认证和培训。《联邦食品、药品和化妆品法案》规定应设定一个容许量，即人类食物及动物饲料中允许残留的农药最大容许水平；还有一些关于保护婴儿和儿童及其他敏感亚群的条款。

为了实现更好的农药监管，《食品质量保护法》和《农药注册改善法》对以上两大法案中的相关规定进行了补充。根据《食品质量保护法》，农药在注册前必须确保其在一定程度上的安全性；每15年至少审查一次农药登记程序。在设定容许量时需考虑到以下因素：农药的综合性、非职业性接触（通过饮食和饮用水暴露以及居住区周围农药使用接触）；具联合毒理机制的农药的累积效应，即两种或两种以上农药具相同或基本相同的毒理作用；是否会增加婴儿、儿童或其他敏感亚群的敏感性；是否会对人类产生与雌激素相似的作用或者其他内分泌干扰作用。

2003年出台的《农药注册改善法》（简称PRIA）也做出了相关规定：公司必须按照注册类别缴纳服务费；《联邦杀虫剂、杀菌剂和灭鼠剂法案》的科学咨询小组必须在相应时间内完成决策评审，以做出更准确的评估；为降低注册申请风险，缩短决策评审周期。

此外，美国环保局通过信息及数据审查，以确定农药产品是否可注册用于特定用途。其中，需要对农药是否影响濒危物种及生境做出评估，确定为"可能影响"濒危物种及生境的农药产品都可能受到美国环保局濒危物种保护计划的约束。

（二）农药注册程序建立

通过农药注册程序可审查农药的成分、施用地区及作物、用量、使用频率及时间、储存及处置。在进行农药注册评估时，主要对其可能对人类健康及环境带来的影响进行评价。生产商应提供符合美国环保局测试指南的研究数据。主要评估其对人类、野生动植物、鱼类等的潜在危害，包括濒危物种和非目标生物，以及农药渗漏、径流或喷洒后污染地表水或地下水带来的污染风险。农药对人体的危害包括短期毒性及长期影响，如癌症、生殖系统疾病等。此外，还要对农药标签进行评估，以确保其提供完整的关于使用和安全措施的说明。人们应依法遵守标签要求，确保安全使用。

生产商在申请农药登记时，应提供：《农药注册改善法》要求的服务费；相关申请说明；产品的化学性质及用量；该产品对人类健康及环境潜在风险的相关数据，包括关于农药残留可能性的数据（若可提供）；证明其制造过程安全的相关材料；标签应包括使用说明、成分及适当警告；符合所有法律及财务要求的证明。

具体的评估程序如下：①审查农药经食物、水及家用等整体风险，农药的累积毒理效应以及使用风险相关数据，以评估其对人体健康（包括儿童及免疫抑制者等敏感人群）的影响风险。②审查农药污染地下水潜势，对濒危物种的威胁以及其内分泌干扰效应相关数据，以评估农药对环境的影响风险。③审查关于农药产品的所有科学数据，并制定全面的风险评估，以检查产品成分对人口及环境的潜在影响，评估过程由同行专家同步评议。④做出风险管理及监管决策；考察风险评估及同行评审的结果；研究可替代的且已注册的农药；对任何可降低风险的措施做出审查；与申请人商讨是否需要修改产品或标签以降低风险；在联邦注册处发布通告后，酌情建立新的容许量；若不需要更改，或者必要修改意见被申请人接受，则准予注册；最后则在联邦登记处公布登记通知。

（三）农药标签审查

农药标签审查是注册程序中的一部分。标签获得批准后，农药产品才能上市销售。标签的存在是为了提供农药正确使用方法及说明其相关性能，以确保农药的正确使用，减少农药对人体健康及环境的危害。农药标签在美国已被认为是一种法律文件，不根据标签使用农药属违法行为。因此，为了农药的安全有效使用，必须精确仔细地贴上标签说明。对于标签管理，美国环保局制定了标签审查手册，为农药标签提供了相应要求及指导。

（四）农药销售使用

根据《联邦杀虫剂、杀菌剂和灭鼠剂法案》以及《联邦食品、药物和化妆品法案》，美国环保局负责管理美国杀虫剂的生产和使用。美国环保局会就其农药项目编写了一些报告，以提供关于《联邦杀虫剂、杀菌剂和灭鼠剂法案》监管下的农药生产及使用部门的经济概况及相关信息。美国环保局的农药办公室自 1979 年以来就发布这样的报告。这些报告包含活性成分在美国销售使用数额的当代和历史估值。报告范围主要包括美国农药工业以及关于农药销售额（以美元销售）和用量（磅）、参与农药生产使用的公司及员工数目、合格的喷洒器数目等相关数据。该报告的数据估计基于公共及专有数据源和一些满足美国环保局要求的市场研究报告。公共数据源包括美国农业部国家农业统计局（USDA/NASS）编写的几份报告，这些报告都涵盖了农药的销售使用信息。专有数据源则包括农业及非农业农药调查数据与私人市场研究公司收集和出售的一些杀虫剂使用统计研究报告。

（五）合规和执法

任何一个农药使用者都必须遵守联邦和州的法律，破坏此类法律法规将被施以重罚（见专栏6-2）。一般来说，各州都有相关机构对农药使用进行监督和执法。通常是由州农业部门负责的，也可以是州环境部门或其他机构。由于许多农药具有类激素效应而被列入环境激素之中。美国环保局对于属于农药的环境激素的监管，在颁布筛查名单、出台监管计划后会将其纳入已有农药的监管系统中。

专栏6-2 美国环保局关于农药执法案例

2017年9月，美国环保局公布了某制药创新公司将未注册和缺乏标注必须标注信息的抗菌剂卖给一些公共卫生机构的案件，美国环保局认定该公司严重违反了《联邦杀虫剂、杀菌剂和灭鼠剂法案》，该法案明确规定所有农药必须在美国环保局注册且有合格的标签，以确保产品有效、安全使用，生产厂商也必须在美国环保局注册，且每年必须上交年度生产报表。该案例中的抗菌类药品主要用于公共场所及用具的表层消毒，虽然该公司宣称此类产品具有抗菌性能且无安全隐患，但美国环保局认为该公司此类药品并未经过美国环保局的专业认证和检测，违反了美国环保局关于农药类药品的注册规定，缺乏药效、安全隐患、惰性成分等关键信息的官方认证。最后，该制药公司被判缴 MYM250000 美元罚款，并保证以后遵守《联邦杀虫剂、杀菌剂和灭鼠剂法案》。

四　我国水体中环境激素污染控制状况

（一）　我国环境激素使用情况

作为世界上最大的发展中国家，我国经济正处于迅猛发展期，许多工矿、企业仍在采用陈旧的、对环境污染大的生产工艺，农业大量使用杀虫剂等，这使得我国环境激素的生产和使用量也处于世界前列。我国在 20 世纪 90 年代以来使用化学农药达到 100 万吨/年，目前虽然我国已禁止含有环境激素的化学农药的使用，但过去使用的含有环境激素的农药至少有 80% 已进入环境，附着在土壤、作物中，随着气流循环、降雨、下雪等，最终都流入水体中。另有统计表明，我国是环境激素生产和使用大国之一，生产药物活性成分 1500 多种。同时，我国多氯联苯消耗量在世界排名第三，占全球消耗量的 6.5%，仅次于美国（19.1%）和日本（9.4%）。[①] 尽管国内现有的环境激素生产使用情况正在调查之中，全国的数据还尚未公布，但部分省份的环境激素生产使用数据已经公布。例如调查结果显示，湖北省环境激素类化学品生产总量和使用总量分别

---

① 刘娜、金小伟、王业耀、吕怡兵、杨琦：《我国地表水中药物与个人护理品污染现状及其繁殖毒性筛查》，《生态毒理学报》2015 年第 6 期。

为 4366797 吨和 3895627 吨，基本占化学品调查总量的 10%，湖北省环境激素类化学品企业规模情况为大中型企业 83 家，小微型企业 255 家。湖北省环境激素类化学品的生产和使用主要涉及两大行业：化肥制造和基础化学原料制造，其占比超过全省化学品生产使用总量的 90%。

大量地生产和使用环境激素类化学品导致环境激素源源不断地被释放到水环境中，目前在我国地表水、地下水和饮用水等水体中均已被检出。据研究，已有约 144 种药物和个人护理用品在我国河流、湖泊和近岸海域等天然地表水中被检出，其中包括 33 种环境激素类药物，被检浓度水平为 1ng/L～1μg/L。总体来说，饮用水中环境激素的浓度普遍较低，处于 nd（未检出）至 50 ng/L 的水平；环境激素在我国主要河流和湖泊中分布广泛、浓度差异较大，其中珠江、小清河和太湖贡湖湾浓度较高，为 1 mg/L 以上，长江流域浓度相对较低，为 100 ng/L；地下水中环境激素的浓度与周围环境有极大关系，浓度在 nd（未检出）至 228 ng/L 的水平。

（二）我国水体中环境激素污染控制存在的问题

近几年，我国出台了相关的法律法规和政策控制水体中环境激素的污染。2015 年出台的《水污染防治行动计划》明确提出要严格控制环境激素类化学品污染，2017 年底前完成环境激素类化学品生产使用情况调查，监控评估水源地风险，实施环境激素类化学品淘汰、限制、替代等措施。各地根据要求，也开展了一些环境激素的摸底调查。但是，我国环境激素生产使用和受纳水体排放管理工作相对比较薄弱，还存在环境激素污染现状不清、管理体制混乱、排放标准缺乏、科学研究不足等问题。

1. 环境激素污染底数不清

当前，我国对环境激素污染现状监测研究不足，缺乏全国性的环境激素污染现状的整体监测行动，还未对环境激素的生产、使用和污染现状进行摸底调查，导致相关底数不清，难以进行有效监管。

2. 各部门间职责不清，缺乏协调

环境激素的监管是一项系统工程，需要多方共同参与完成，包括生态环境部门、卫生部门、农业部门、食品药品管理部门、发改部门、药品生产商和经销商及地方政府和公众。目前我国的法律中未明确各部门在环境激素污染防治工作中的监管职能及作用，在多部门的共同执法中，由于职责划分不清可能导致相互推诿责任的现象发生。

3. 基础研究不足

面对环境激素等新兴污染物的威胁，完善的科学基础研究必不可少。环境激素种类繁多，想要对所有的环境激素同时监管缺乏可操作性，这就要求首先筛查出一批威胁大、分布广的优先控制环境激素，而我国对于需要监管的环境激素的筛查工作尚未启动。此外，我国在环境激素的检测以及毒性和危害性等方面的基础性研究也远远不够。

4. 缺少激素源头上的监管和控制体系

从源头上，我国缺乏成熟的环境激素科学监管体系，包括国家级数据库的建立、科学监管工具的开发、环境激素监测标准与方法的制定、必要的环境激素耐药性数据库开发等。

5. 重点行业环境激素排放标准不完善

我国环境激素污染物排放相关标准体系尚不完善，针对制药行业、农业集中饲养场地、农药等主要排放源的环境激素排放标准尚未制定。

例如我国《发酵类制药工业水污染排放标准》中仅包含 pH 值、色度等 12 种常规污染物，而环境激素类污染物并未纳入其中。

五　对我国环境激素管控的建议

（一）完善环境激素监管机构，明确各部门职责

建议明确与环境激素控制相关的部门职责和分工，减少部门间职责推诿现象。例如，由农业农村部、卫生健康委等部门负责环境激素的生产使用监管，加强环境激素生产使用监管，在源头上减少抗生素向环境的排放；生态环境部门应明确自身监督职责，着力于环境激素排放监管与污染状况的监测，筛查环境中主要环境激素清单，制定完善重点行业点源排放标准。

（二）完善我国针对环境激素的法律法规和标准

建议完善我国针对环境激素的法律法规和标准，具体如下：一是将对环境激素的污染控制纳入《水污染防治法》和《水污染防治行动计划》中，明确对环境激素进行重点管理和控制的行业或企业以及纳入管理的时间；二是建议在环境激素筛查结果的基础上，确定需要管控的环境激素，制定环境激素排入水体的排放限值，完善受纳水体的环境激素排放标准。

（三）加强基础研究

针对我国基础研究不足的现状，建议从环境激素的识别、激励和治

理技术等方面加强研究。具体如下：一是确定需要监管的环境激素清单，可借鉴美国的经验，通过判定不良反应、剂量效应以及风险评估，对种类繁多的抗生素和内分泌干扰物进行筛选，从而确定管控清单；二是系统开展激素排放源清单、摸底调查和传输过程研究；三是开展关于激素的检测方法以及高通量筛查、激素去除及削减技术手段等方面的研究。

（四）强化源头治理，建立监管体系

针对环境激素的源头治理，建议如下：一是通过对源头或过程的严格督查消除隐患，减少环境激素进入环境；二是强化科学监管，建立国家级数据库共享平台，国家可开发一系列科学工具、方法与标准，来强化科学监管。

第七章　美国工业废水预处理制度经验及对我国的建议

提　要： 美国工业废水预处理制度以《一般预处理条例》为法律依据，明确预处理计划实施主体，建立预处理标准体系，是联邦、州和地方政府共同保护水体水质的制度典范。美国工业废水预处理制度的特点为：一是政府执法和企业守法以预处理计划为依据；二是预处理计划注重源头防控；三是建立基于技术和基于水质的预处理标准体系；四是公共污水处理厂具有双重身份；五是强化工业用户主体责任。目前，我国仍然面临工业废水预处理相关法律法规支撑不足，预处理实施指导规范出台滞后，预处理实施主体不清、责任不明等问题。建议：一是尽快为工业废水预处理立法，明确预处理实施各方责任；二是将监管权纳入污水处理厂排污许可证中；三是尽快编制基于水质的预处理标准，强化排污单位责任；四是建立污染物退出机制和分类监管机制。

城镇污水处理厂是收集生活污水和工商业废水进行集中处理的设施，其工艺特点决定了进水水质的好坏是影响污水处理厂能否正常运行的关键因素之一。由于工业废水具有排放量大、污染物种类多、成分复杂等特点，因此工业间接排放源①是污水处理厂的重要管理对象。纳管企业②作为工业间接排放源的主要组成部分，在我国数量众多，对其间接排放的监管是我国工业污染防治的重要内容。美国工业废水预处理制度在工业废水间接排放管理方面取得了显著成效，值得我国借鉴。

一 美国工业废水预处理制度概述

（一）发展历程

1972 年美国《清洁水法》建立了国家污染物排放消除制度（National Pollutants Discharge Elimination System，NPDES），要求所有点源污染物的排放需获得 NPDES 许可证。其中，公共污水处理厂（Publicly

---

① 按照工业废水排放去向的不同，工业点源通常分为直接排放源和间接排放源。直接排入受纳水体的污染源为直接排放源，通过城市污水管网排入城镇污水处理厂，经处理后排入受纳水体的污染源（工商业源）为间接排放源。
② 纳管企业指经污水管网排入集中污水处理厂的企业。

Owned Treatment Works，POTW）是受控于 NPDES 项目中最大的一类污染源，指隶属于州政府或市政当局的生活污水和工商业废水的处理设施。[①]通常，公共污水处理厂能够有效去除生活污水中的常规污染物[②]，但对于工业废水中的有毒污染物和非常规污染物不能很好去除。

　　为了防止以间接排放形式进入公共污水处理厂的工业废水中有毒污染物和非常规污染物对公共污水处理厂正常运行产生"干扰"[③] 或可能产生"穿透"[④]，《清洁水法》提出了国家预处理计划（National Pretreatment Program），要求间接排放源达到预处理标准后才能将工业废水排入污水管网，从而防止对污水处理厂正常运行及对受纳水体水质产生负面影响。

　　1978 年，美国环保局颁布了国家预处理计划的联邦法规——《一般预处理条例》（General Pretreatment Regulations)[⑤]，对预处理标准和要求、预处理计划编制、预处理计划授权等进行了详细规定，明确了

---

① 根据《美国联邦法规》（CFR）第 40 卷第 403 章第 3 条（q）款定义，公共污水处理厂指隶属于州政府或市政当局（Municipality）的处理设施（Treatment Works）。其中，"处理设施"指用于储存、处理、循环和回用城市污水以及工业废水的任何设备或系统，也包括将废水输送到处理设施的下水道、管道或其他运输载体等（《清洁水法》第 212 条）；"市政当局"指依据州法律设立的城市、城镇、自治镇、县/郡、教区、地区、社团或其他公共机构，具有对间接排放或排入水体的管辖权［《清洁水法》第 502 条（4）款］。

② 常规污染物：BOD5、TSS、粪大肠菌群、pH 以及油脂类。

③ 干扰（Interference）是指：（1）抑制或破坏公共污水处理厂处理过程或操作，影响污泥处理或使用；（2）违反了公共污水处理厂的 NPDES 许可证的任何要求，违反了《清洁水法》《固体废物处置法》《清洁空气法》《有毒物质控制法》《海洋保护、研究和保护法》。

④ 穿透（Pass Through）是指公共污水处理厂对此污染物没有处理能力，污染物会污染接收水体。

⑤ 《美国联邦法规》（CFR）第 40 卷第 403 章。

联邦、州、地方政府和企业在实施预处理计划中的责任。此后，美国环保局定期更新现有法规，2005 年《预处理简化规定》（Pretreatment Streamlining Rule）发布，对旧条例做了 13 项修改，增加了公共污水处理厂在预处理计划中的灵活性，以实施更加有效的监管举措。

美国国家预处理计划在减少有毒污染物进入污水管网、增加污泥处置和利用及改善美国水域水质等方面取得了显著成效。同时，该计划还建立了联邦、州、地方政府和企业间的良好伙伴关系。[①]

（二）实施主体

国家预处理计划作为 NPDES 项目框架下的一个类别（见图 7 - 1），由美国环保局或获授权的州负责审批和监管。

《一般预处理条例》界定了国家预处理计划的三大主体：审批机构（Approval Authority）、控制机构（Control Authority）和工业用户，三者与美国环保局共同构成预处理计划的实施主体。[②] 通常，审批机构由美国环保局区域办公室或获得美国环保局授权的州担任；控制机构由审批机构或获授权的公共污水处理厂担任（见专栏 7 - 1）；工业用户指所有工商业间接排放源，一般包括重点、分类、"中间级"等用户类别（见表 7 - 1）。

---

① 截至 2003 年，美国预处理计划与全美范围内的 1500 个社区和 2.7 万个工业设施建立了合作伙伴关系。

② U. S. EPA, Pretreatment Roles and Responsibilities, https：//www.epa.gov/npdes/pretreatment – roles – and – responsibilities.

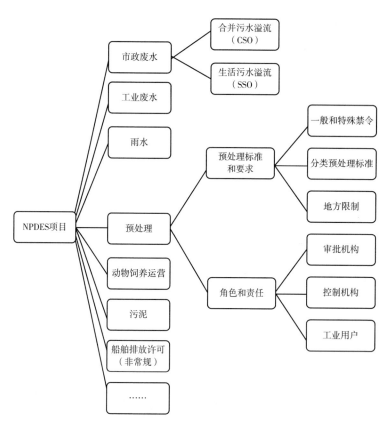

图 7-1 NPDES 项目领域

资料来源：U. S. EPA, All NPDES Program Areas, https：//www.epa.gov/npdes/all-npdes-program-areas。

专栏 7-1 公共污水处理厂担任控制机构的情况

《一般预处理条例》规定，大型公共污水处理厂（日设计流量超过500万加仑/天）和较小的公共污水处理厂（工业用户的废水可能"干扰"和"穿透"公共污水处理厂）需编制地方预处理计划（除去获授权的州选择承担地方责任的情况）。如果美国环保局或获授权的州发现进入公共污水处理厂的废水性质、体积及处理过程违反了公共污水处理厂废水排放限值和污泥正常处置的规定，也可要求日设计流量低于 500 万加仑/天的公共污水处理厂编制地方预处理计划。符合条件的公共污水处理厂必须在现有 NPDES 许可证补发或修正后的 3 年内（不晚于 1983 年 7 月 1 日）获得授权的地方预处理计划。

具有获授权的地方处理计划的公共污水处理厂将作为控制机构来管理工业用户。

表 7 - 1 工业用户的分类

类别	定义
分类工业用户（Categorical Industrial User，CIU）	遵守所有行业预处理标准（基于技术而非基于受纳水体水质的风险或影响）
重点工业用户（Significant Industrial User，SIU）	(1)遵守所有适用的行业预处理标准，非重点分类工业用户除外； (2)排入公共污水处理厂的废水量平均超过 25000 加仑/天（不包括公共卫生、非接触冷却、锅炉排水）； (3)贡献了公共污水处理厂干燥天气设计水力容量或有机负荷的 5% 以上； (4)由公共污水处理厂指定，可能对公共污水处理厂运行产生不利影响或违反任何预处理标准和要求的用户
非重点工业用户（Non-Significant Categorical Industrial User，NSCIU）	(1)适用所有行业预处理标准，总排放量不超过 100 加仑/天（除另有规定，否则不包括卫生、非接触冷却和锅炉排水）； (2)每年提交符合 NSCIU 定义的声明； (3)没有排放过未经处理的废水
"中间级"工业用户（Middle Tier CIU，MTCIU）	(1)不超过公共污水处理厂干燥天气设计水力容量的 0.01%（或 5000 加仑/天，以较小者为准），不超过公共污水处理厂干燥天气设计有机负荷的 0.01%，不超过公共污水处理厂获准的地方限值的任何污染物的渠首最大允许负荷的 0.01%； (2)过去两年中没有任何严重的不合规情况

资料来源：U. S. EPA, Industrial Users, https: //www. epa. gov/npdes/pretreatment - roles - and - responsibilities#self。

目前，美国已有 36 个州获得预处理计划审批权，美国环保局区域办公室履行 14 个未获授权州的审批机构责任，约有 1600 个公共污水处理厂已经制定并正在实施地方预处理计划，管理着 20630 个重点工业用户。虽然制定地方预处理计划的公共污水处理厂只占全国污水处理厂总数的 10% 左右，但这些公共污水处理厂处理的废水量占全国废水量的 80% 以上。① 此外，美国环保局对所有预处理计划的执行情况具有监督权和最终审批权（见专栏 7 - 2）。

专栏 7 - 2 预处理计划实施主体的责任

1. 美国环保局总部责任

①监督各级别的预处理计划实施工作；②编制和修改预处理计划规定/条例；③编制相关政策，以对预处理计划进行解释说明和定义；④编制预处理计划实施的技术规范；⑤适时启动强制措施。

2. 美国环保局区域办公室责任

①在州未获得预处理计划授权的情况下，履行审批机构的职责；②监督州预处理计划的实施；③适时启动强制措施。

3. 审批机构责任（美国环保局区域办公室或获授权的州）

①通知公共污水处理厂其应履行的职责；②审查和批准公共污水处理厂预处理计划的授权或修改请求；③为控制机构提供技术导则；④审查行业预处理标准在特定地点的修改要求；⑤通过预处理的合规审核和

---

① U. S. EPA, Introduction to the National Pretreatment Program, https：//www. epa. gov/sites/production/files/2015 - 10/documents/pretreatment_ program_ intro_ 2011. pdf.

检查，评估公共污水处理厂预处理计划的执行情况；⑥对违规的公共污水处理厂或工业用户采取适当的执法行动。

4. 控制机构责任（美国环保局区域办公室或获授权的州、获授权的公共污水处理厂）

①为获批准的地方预处理计划的有效实施制定管辖权、地方限值、标准操作程序和执法响应等的法定权限（Legal Authority）；②管理工业用户，包括发布等效许可证、实施监测和检查、接收和审查报告、发布通知、审查净/总方差、评估计划的合规性、适时采取执法措施；③定期向审批机构报告，说明其预处理计划的实施情况。

5. 工业用户责任

遵守预处理标准和报告要求。

（三）标准体系

美国预处理标准体系与直接点源排放标准体系相似，均由联邦、州和地方等不同级别的政府制定，可以表述为数值限制，也可以是叙述性的禁令和最佳管理实践。

预处理标准体系分为三个层次：排放禁令、行业预处理标准和地方限制。① 排放禁令是由联邦制定的国家标准（最低限制），适用于所有

---

① U. S. EPA, Pretreatment Standards and Requirements, https：//www. epa. gov/npdes/pretreatment – standards – and – requirements.

工业用户，旨在为公共污水处理厂提供一般意义上的保护。排放禁令又包括一般和特殊两类禁令。一般禁令指不允许工业用户排放任何会"干扰"或"穿透"公共污水处理厂的污染物；特殊禁令重点加强对危险废物的控制，禁止向公共污水处理厂排放具有腐蚀性、黏性以及严重威胁人类健康和安全的污染物。①

行业预处理标准是美国环保局根据产生排放的设施/活动类型，针对特定工商业行业的工业废水制定的排放限值，包括污染物的数量、浓度和特性等，分为现有源预处理标准（PSES）和新源预处理标准（PSNS）。通常，新源预处理标准较现有源更严格一些。目前，美国环保局制定了 35 个工业类别的预处理标准。

地方限制是根据地方需求制定的最严的排放标准。在美国，工业用户应当知晓并了解适用于自身的预处理标准。控制机构负责识别适用于每一个工业用户的标准，如表 7-2 所示。

表 7-2　不同类型工业用户适用的预处理标准

用户类别	一般和特殊禁令	行业预处理标准	地方限制
所有工业用户	√		可能适用，取决于公共污水处理厂法令和许可证条款
重点工业用户	√		通常适用，取决于分配方法
分类工业用户	√	√	通常适用，取决于分配方法

资料来源：U. S. EPA, Pretreatment Standards and Requirements, https://www. epa. gov/npdes/pretreatment - standards - and - requirements。

---

① 美国环保局禁止了 8 类物质进入公共污水处理厂，包括易燃易爆、腐蚀性、黏性、干扰人体健康等物质。

二　美国工业废水预处理制度经验

美国国家预处理制度至今已实施 40 多年，成为联邦、州和地方政府共同保护水体水质的制度典范。总结其经验有如下方面。

（一）政府执法和企业守法以预处理计划为依据

《一般预处理条例》对工业用户需要遵守的预处理标准和要求（包括排放限值、监测、取样、报告、通知等）进行了明确规定，同时要求将预处理计划纳入许可证中，作为许可证中特殊的可执行条件。审批机构发放包含预处理计划在内的许可证给公共污水处理厂或工业用户，[①] 并以此为执法依据，根据公共污水处理厂或工业用户提交的报告、监测结果及定期或不定期检查和评估来监督预处理计划的实施情况。对于违反许可证中预处理要求的公共污水处理厂或工业用户，审批机构会采取违规通知、行政命令、民事处罚或行政处罚、暂停或终止服务等执法活动。

获得许可证的公共污水处理厂或工业用户则需按许可证要求进行排放，以达到许可证中预处理标准和要求来证明自己的合规性。通常，公共污水处理厂或工业用户提交的报告中包含关于如何处理和分析样品的信息及企业自行监测的情况。对于许可证中任何可能影响排放内容的改变或突发性事件，工业用户需及时通知许可证发放部门，否则，依据

---

① 公共污水处理厂未覆盖的工业用户，由审批机构直接监管。

《一般预处理条例》，视为违规。

此外，根据《一般预处理条例》规定，在公共污水处理厂作为控制机构的情况下，公共污水处理厂将发放包含地方预处理计划的许可证/等效许可证给管辖范围内的工业用户。工业用户按要求实施预处理措施和排放，公共污水处理厂依据地方预处理计划中的法定权限进行监督和执法，对工业用户的违规行为可进行每次至少1000美元/天的民事或刑事处罚。

（二）预处理计划注重源头防控

因公共污水处理厂对有毒污染物和非常规污染物的去除能力有限，即使能够去除，有毒污染物也将存在于污泥，从而限制了污泥处置和利用的机会。焚烧作为污泥的主要处置方式，会将有毒物质带入空气中影响人类健康和安全。因此，美国国家预处理计划注重源头防控，以提高循环和回收市政、工业废水和污泥的机会作为目标。为实现该目标，美国环保局将污染预防（P2）纳入国家预处理计划中，通过在企业内实施管理措施来减少或消除污染物，减少有毒污染物排放到公共污水处理厂，确保公共污水处理厂符合NPDES许可证要求（见专栏7-3）。

专栏7-3　污染预防

污染预防（Pollution Prevention，P2）是指通过改变生产过程，促进无毒或低毒物质的使用，实施保护技术以及重复利用材料等，从源头上减少或消除废物的做法。1990年美国《污染防治法》（PPA）将污染预防定为国家目标，提出：①从源头上防止或减少污染；②无法预防的污染应该以对环境无害的方式进行回收；③无法预防或回收的污染应以对环境无害的方式进行处理；④处置或以其他方式释放到环境中应仅作为最后的手段，并应以环境安全的方式进行。

为加强源头防控，美国环保局还采用多种实施工具（见专栏7-4）促使工业用户执行污染预防措施，从而确保达到《清洁水法》的目标。

专栏7-4　预处理计划中污染预防的实施工具

1. 工业用户许可证

在当地法规允许的情况下，有关污染预防措施和计划的信息会作为许可证申请的一部分。此外，在获准许可的情况下，要求持证人进行污染预防评估或制定污染预防计划（或两者兼有）作为获得许可证的条件。公共污水处理厂在颁发许可证给工业用户时，还要求其具备非常规控制计划①、改进操作和维护程序的时间表、防止溢漏计划以及最佳管理实践。

2. 地方限制

接近或高于任何污染物渠首最大允许负荷（MAHL）的公共污水处理厂会为其用户制定污染预防计划，以减少特定的污染物。

3. 执法谈判

通过同意令或合规令来进行污染预防审计，或在和解协议中要求实施污染预防措施。

---

① 公共污水处理厂要求某些重点工业用户制定。非常规控制计划：（Slug Control Plan）主要是对突发性的、泄漏等事件制定的响应计划，是一种特定类型的最佳管理实践。

（三）建立基于技术和基于水质的预处理标准体系

1. 基于技术的行业预处理标准

排放限值导则（ELGs）[1] 是美国环保局针对每个行业制定的基于当前最佳可行技术[2]的排放标准（包括常规污染物、有毒和非常规污染物），适用于工业废水排放到地表水和公共污水处理厂。为确保导则中排放标准符合实际要求，美国环保局每年都会审查工业废水排放（直接和间接）情况，评估当前标准是否会对人类健康和环境造成影响，或是否有更先进的污染控制措施减少排放。通常，美国环保局每两年发布一次审查情况。

值得注意的是，导则中直接排放标准和间接排放标准（又称为行业预处理标准）对同种污染物的限值一致，但二者管控的污染物范围有所不同。间接排放标准主要控制有毒和非常规污染物，而直接排放标准管控有毒、非常规和常规污染物。

2. 与受纳水体水质衔接的地方限制

公共污水处理厂为保护自身（包括收集系统）、受纳水体与人类健

---

[1] U. S. EPA, Learn About Effluent Guidelines, https：//www. epa. gov/eg/learn – about – effluent – guidelines.

[2] 控制水平包括：目前可用的最佳实践控制技术（Best Practicable Control Technology Currently Available, BPT），依据行业内设施的最佳性能的平均值制定，1977 年 7 月 1 日实施；最佳的常规污染物控制技术（Best Conventional Pollutant Control Technology, BCT），1989 年 3 月 31 日实施；采取经济可达的最佳技术（Best Available Technology Economically Achievable, BAT），1989 年 3 月 31 日实施新源排放标准（New Source Performance Standards, NSPS），代表对所有污染物（即常规、非常规和优先污染物）应用最佳可行的控制技术所能达到的最严格的控制。

康和安全，确保污泥正常处置，将根据地方需要及受纳水体的要求制定地方限制。地方限制从地方水环境保护需求出发，与受纳水体水质联系起来，是最严格的限制，一般可以是数字性（浓度或质量限值）或叙述性的要求。公共污水处理厂采用最佳管理实践（BMP）①作为地方限制时必须进行评估，并要求工业用户的许可证/等效许可证中包含适用的最佳管理实践（满足行业预处理标准要求）。最佳管理实践包括处理要求、操作程序、污泥或废物处理、原料储存的排水管理、油脂收集要求以及控制厂区径流、溢出或泄漏的措施等。

（四）公共污水处理厂具有双重身份

审批机构、控制机构和工业用户与美国环保局共同作为预处理计划实施的主体，各尽其责使预处理计划有效实施。审批机构对控制机构负有审批、监督、审查和执法责任，控制机构对工业用户负有监管和执法责任，三者关系如图 7 - 2 所示。

预处理计划不像其他制度主要依赖联邦或州政府，而是注重地方政府的作用。公共污水处理厂除了指公共污水处理厂外，还指拥有污水处理厂的政府部门。此外，获地方预处理计划授权的公共污水处理厂作为控制机构具有制定法定权限、监管工业用户和向审批机构提交报告的责任，在预处理计划实施中具有重要作用。这就使得公共污水处理厂在预处理计划实施中具有双重身份，既是污染的

---

① 最佳管理实践可以由美国环保局编制作为行业预处理标准，也可以由公共污水处理厂编制作为地方限制。

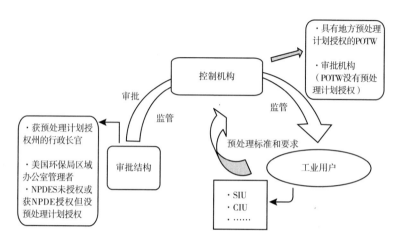

图7-2　预处理计划实施主体之间的关系

排放者又是污染的处理者，既是监管工业用户的主体又是受审批机构监管的主体（见专栏7-5）。

专栏7-5　公共污水处理厂预处理计划的主要组成部分

　　根据《一般预处理条例》规定，公共污水处理厂预处理计划包括：实施该计划的法定权限，如条例、跨辖区的协议等；计划实施的程序；实施该计划的充足资金；地方限制，包括定期评估等；执法，包括制定和实施执法响应计划（ERP）；工业用户名单。

　　获地方预处理计划授权的公共污水处理厂行使控制机构的主要职责有如下方面。

1. 制定法定权限

法定权限是公共污水处理厂预处理计划执法的主要依据，可为州法律、条例、协议等。在公共污水处理厂隶属于市政府的情况下，法定权限通常为《下水道使用条例》（SUO）的相关条款，且同区域的公共污水处理厂一般采用相似的规定（规则或条例）作为法定权限的依据（见专栏7-6）。

专栏7-6　公共污水处理厂的法定权限

公共污水处理厂的法定权限至少包括以下几点：允许或禁止工业用户将污水排放到公共污水处理厂；要求工业用户符合预处理标准和要求；要求工业用户遵守计划时间表，并提交报告证明合规情况；检查和监督工业用户；要求工业用户具备违规补救措施；遵守保密要求。①

在公共污水处理厂服务范围扩大至管辖区之外时，为确保公共污水处理厂能有效实施和执行预处理计划，公共污水处理厂会采取以下4种方式②：①在涉及多个公共污水处理厂的辖区内建立一个独立组织（由州或市政当局建立）来管理预处理计划；②以协议形式要求每个市政当局执行涵盖其辖区内所有工业用户的预处理计划，或授权市政当局所属的公共污水处理厂管理；③如果辖区外的工业用户在非行政地区，则公共污水处理厂将该地区纳入管理；④与辖区外的工业用户签订合同，但合同通常会限制公共污水处理厂的执行能力，因此，只有在其他方式

---

① U. S. EPA, Introduction to the National Pretreatment Program, https://www.epa.gov/sites/production/files/2015-10/documents/pretreatment_ program_ intro_ 2011. pdf.

② 某些州规定了治外法权，允许公共污水处理厂管理对其系统有贡献的管辖区外的工业用户，然而，治外法权管理程度有限，会限制公共污水处理厂实施和执行计划的能力。

都无效的情况下才使用这种方式。

2. 管理工业用户

（1）确定工业用户名单

明确管理对象是公共污水处理厂实施预处理计划首要解决的问题。对于如何确定工业用户，美国环保局没有明确规定，公共污水处理厂可根据情况自己确定工业用户名单，并进一步确定各工业用户的类别，以保证预处理标准和要求适用于任何设施。通常，公共污水处理厂采用发放工业废物调查问卷（Industrial Waste Survey，IWS）的方式，要求工业用户提供活动信息和所排放废物的性质，对于可能成为重点工业用户的，公共污水处理厂会再次发送详细的工业废物调查问卷以确定其分类。在确定后，公共污水处理厂会编制工业用户名单，并每年更新一次。

工业用户名单中通常包括工业用户的名称、位置、分类、适用的标准、排放限值、排放量、许可证/等效许可证状态、合规日期和其他特殊要求。

（2）发放许可证/等效许可证

获地方预处理计划授权的公共污水处理厂在确定工业用户名单后，会开展信息收集和核实工作，通过数据分析、制定情况说明书和编制许可证三个步骤，向管辖范围内的工业用户发放许可证/等效许可证，分为通用或单独许可证/等效许可证两类。

对于涉及相同或类似操作、排放相同类型废物、具有相同或相似排放限值和监测要求，以及更适合使用通用型的多个工业用户，公共污水处理厂可以选择发放通用许可证/等效许可证来管理。但对于以质量限值为排放标准的重点工业用户，公共污水处理厂通常发放单独许可证来管理（见专栏7-7）。

专栏7-7　重点工业用户单独许可证/等效许可证

重点工业用户单独许可证/等效许可证主要包括以下内容：

①期限（不超过5年）；

②不可转让声明；

③排放限制包括基于预处理标准、地方限制及州和地方法律的最佳管理实践；

④自行监测、采样、报告、通知、记录保存等；

⑤污染物取消授权；

⑥取样位置、频次、样品种类；

⑦违反预处理标准或要求和所适用的民事、刑事处罚标准声明；

⑧合规时间表；

⑨需要的情况下，提交非常规控制计划。

（3）检查

根据规定，公共污水处理厂需对工业用户开展定期、不定期和特定检查（见专栏7-8）。作为重点管控对象的重点工业用户，公共污水处理厂至少每年检查一次；对于"中间级"工业用户，公共污水处理厂可每两年检查一次；对于非重点工业用户，公共污水处理厂至少每两年评估一次其是否继续符合该类用户分类的标准。因定期检查有时会中断工业用户的正常运行，因此，公共污水处理厂会采取不定期检查以便更准确地反映工业用户的合规性。对于影响公共污水处理厂收集信息或存在可疑工业用户及被举报等问题，公共污水处理厂会开展特定检查。

专栏 7 – 8　检查内容

检查内容包括：当前的数据、合规记录的完整性和准确性、自行监测和报告要求的充分性、监测地点和取样技术的适宜性、排放限制、预处理系统的运行和维护以及整体性能、非常规控制计划、污染预防、获取数据以支持执法行动等。

不论哪种类型的检查，均包括前期准备、现场评估和跟踪。其中，取样是验证符合预处理标准的最合适的方法，因此，美国环保局要求样品必须具有代表性，且各类样品①的取样和分析方法需按美国环保局编制的程序进行，但《一般预处理条例》也赋予了公共污水处理厂一定的灵活性。如果工业用户能够证明给定的污染物既不存在也不预期存在于排放中，则公共污水处理厂可以减少对该污染物的取样频次。如果公共污水处理厂已授权取消某类污染物的信用②，则公共污水处理厂只需在授权期间（3 年内）对该污染物至少进行一次取样。

（4）执法

公共污水处理厂通过检查、取样和评估工业用户提交的报告确定工业用户是否存在违法行为，任何超标排放、与许可证中规定的排放要求

---

① 如 pH、氰化物、总酚、油脂、硫化物和挥发性有机化合物等。

② 污染物消除是指在公共污水处理厂处理过程中减少污染物的数量或改变其性质。公共污水处理厂也可以授予等于或者小于其"一贯清除率"（Consistent Removal Rate）（50% 以上的去除率）的污染物清除信用。取消某种污染物的信用，表明公共污水处理厂能够清除该种污染物。

不一致的情况、未按要求完成合规的行为均被视为违规行为。《一般预处理条例》中定义了重大违法行为（SCN），并以 6 个月为单位进行评估，对违法行为按性质采取不同执法手段（见专栏 7-9）。被发现存在重大违法行为的工业用户的名称必须在一定发行量的报纸上发表，并在公共污水处理厂管辖范围内公告。

专栏 7-9 执法手段

公共污水处理厂执法手段包括：

①给工业用户的非正式通知，一般指轻微违规行为；

②非正式会议；

③警告信或违规通知（NOV）；

④行政命令和合规计划，要求工业用户解释为何不采取措施；

⑤行政罚款；

⑥民事诉讼，向法院提起诉讼的正式程序，旨在纠正违规行为并对违规行为进行处罚；

⑦刑事诉讼，正式的司法程序，公共污水处理厂有权对每一项违规行为进行至少每天 1000 美元的民事或刑事处罚；

⑧终止服务（撤销许可）。

3. 向审批机构提交报告

公共污水处理厂需向审批机构提交由首席执行官或其他正式授权的雇员签署的包括预处理计划实施、变更以及公共污水处理厂执法情况的年度报告（见专栏 7-10）。除非有更高频次的要求，否则每年提交一次。

专栏 7 - 10　报告内容

报告至少包含以下内容：

①公共污水处理厂的工业用户名单，该列表中必须标识被指定为重点和非重点的工业用户；

②报告所述期间工业用户合规情况摘要；

③报告期内公共污水处理厂进行的合规和执法活动（包括检查）总结；

④公共污水处理厂预处理计划的变更摘要（未报告过）；

⑤审批机构要求的任何其他相关信息。

此外，公共污水处理厂还需将与预处理计划有关的所有文件和监测记录保存 3 年以上（见表 7 - 3）。

表 7 - 3　公共污水处理厂保存的两种记录类型

公共污水处理厂自身活动记录	与工业用户相关的活动记录
法定权限	
预处理计划	
预处理计划的批准和修改	工业废物调查问卷
工业用户名单	许可证申请、许可证和情况说明书
公共污水处理厂的 NPDES 许可证副本	检查报告
地方限制	工业用户提交的报告
应急响应计划	监测数据（包括实验室报告）
来自美国环保局/州的回复信息	计划（如非常规控制、污泥管理、污染预防）
向审批机构提交的年度报告	
公告	执法活动
资金和资源的变化情况	与工业用户的所有往来信件
适用的联邦和州法规	电话记录和会议摘要
工业用户合规和许可记录	
工业废物调查问卷结果	

（五）强化工业用户主体责任

预处理计划要求所有工业用户均需遵守联邦、州、地方预处理标准和要求，包括提交报告、企业自行监测、通知①和保留活动记录，以及确保监测采样、样品收集和分析符合要求。

提交报告是工业用户的重要责任之一。美国环保局为更有效管理各类工业用户，对不同类别工业用户提出不同报告要求。作为分类工业用户，需要提交 5 类报告（见专栏 7 – 11）。作为重点工业用户，在提交上述 5 类报告的基础上，还需提交旁路报告和非常规控制计划。然而并非所有重点工业用户均需提交非常规控制计划，是否提交该计划由公共污水处理厂评估决定。在确定需提交该计划后，重点工业用户应在一年内完成。作为"中间级"分类工业用户，只需提交年度报告，但报告中数据必须代表整个报告期间发生的情况。对于非重点分类工业用户，不需提交定期合规报告，但需按要求每年报告并证明其仍然符合非重点工业用户类别及提交其他替代报告。

专栏 7 – 11　分类工业用户报告要求

①基线监测报告［确定为分类工业用户后需要在生效日期后的 180 天内提交自行监测的基线监测报告（BMR），新源在 90 天内提交］；

②合规计划进度报告（合规计划中每个时间节点不超过 14 天，总

---

① 通知要求：影响非常规控制计划的改变、潜在问题（突发性排放）变化、不合规和重复抽样报告、排放改变（质量限值或浓度限值）和危险废物排放等需通知公共污水处理厂和/或控制机构。

计划不超过 9 个月)；

③90 天合规报告 (现有源在合规后 90 天内提交最终合规报告，新源在初始排放的 90 天内提交)；

④定期合规报告 (现有源在最终合规日期之后的每年 6 月和 12 月提交，除非公共污水处理厂增加频率；新源为初始排放后的每年 6 月和 12 月提交，除非公共污水处理厂增加频率)；

⑤突发事件报告①。

企业的自行监测通常作为合规性证明包含在提交的报告中。美国环保局十分鼓励企业进行自行监测，为了便于企业操作，美国环保局制定了详细的取样和分析方法。在某些情况下，为确保掌握更真实的排放情况，公共污水处理厂会选择亲自监测来代替工业用户的自行监测。

预处理计划还要求工业用户在运行过程中存在对公共污水处理厂产生影响的变化时 (如泄漏、排放负荷变化、影响非常规排放、旁路使用等)，需立即通知公共污水处理厂/控制机构，以便尽快采取措施，减少影响 (见专栏 7 - 12)。

专栏 7 - 12　通知要求

在预处理计划中，所有工业用户需通知公共污水处理厂/控制机构的情况包括：

---

① 突发事件报告 (Upset Report) 是指超出分类工业用户的合理控制的和暂时不符合行业标准的特殊事件，24 小时内口头通知公共污水处理厂，在 5 天内发出书面通知。

①任何可能导致问题的排放，包括泄漏、突发性负荷变化或可能引起问题的其他排放，必须立即通知公共污水处理厂；

②在发现违规的 24 小时内通知公共污水处理厂，并通过重复取样和分析，在 30 天内将结果提交给公共污水处理厂；

③排放污染物的数量或性质发生重大变化（包括可能影响非常规排放的任何变化达 20% 以上）之前通知公共污水处理厂/控制机构；

④危险废物排放需通知公共污水处理厂、美国环保局和州；

⑤如果工业用户事先知道需要旁路，必须在旁路使用前至少 10 天通知公共污水处理厂，在工业用户发现旁路后的 24 小时内口头通知公共污水处理厂，在 5 天内发出书面通知。

此外，对于分类工业用户，还要求对如下情况进行通知：

①分类工业用户事先知道生产水平将在下个月发生重大变化的，需在两个工作日内通知公共污水处理厂；

②存在对计算排放限值有影响的材料或排放变化时需立即通知公共污水处理厂；

③根据监测要求或公共污水处理厂进行的更频繁的监测要求，预期存在的污染物不存在排放中，则需通知公共污水处理厂对某种污染取消授权（分类工业用户操作发生变化，预期存在的污染物不存在）；

④当分类工业用户不再符合减少报告要求条件的变化时需立即通知公共污水处理厂。

此外，根据《一般预处理条例》规定，工业用户需保留各类活动记录至少 3 年，除商业机密外，提交给公共污水处理厂或州的所有信息必须向公众公开，以便美国环保局和州代表或公众检查，而不受任何限制。

三　我国纳管企业预处理管理现状

纳管企业废水中的有毒有害污染物或某些物质经混合后产生的有毒有害物质对污水集中处理设施的冲击巨大，不仅影响管网和处理设施的运行，而且会对受纳水体和人类健康造成危害。因此，企业内部废水处理对后续污水处理厂达标排放至关重要。我国纳管企业数量众多，且随着工业企业退城入园举措的实施，工业集聚区成为纳管企业的主要聚集地，截至 2017 年底，我国省级及以上工业集聚区有 2356 家，建成污水集中处理设施的占比为 94%。然而在建成的污水集中处理设施中有57% 左右是依托于城镇污水处理厂的，对工业废水处理能力有限。截至2018 年 9 月，全国建成污水集中处理设施的比例达 97%（2411 家），较 2017 年有所提高，但处理工艺和废水类型不匹配仍是突出问题之一。① 目前，我国在间接排放预处理管理实施中还存在诸多问题。

（一）我国预处理相关法律法规支撑不足

对纳管企业间接排放的监管是我国工业污染防治的重要内容。目前我国颁布了《城镇排水与污水处理条例》《水污染防治行动计划》《水污染防治法》等法律法规，明确提出排入管网的工业废水需

---

① 生态环境部通报我国工业集聚区水污染防治工作阶段性进展。

进行预处理的要求。《城市污水处理及污染防治技术政策》中规定：
"对排入城市污水收集系统的工业废水应严格控制重金属、有毒有害
物质，并在厂内进行预处理，使其达到国家和行业规定的排放标
准。"2016 年《控制污染物排放许可制实施方案》确定了排污许可
证制度的核心地位，要求直接排放和间接排放均需持证排放。2018
年《排污许可管理办法（试行）》颁布，进一步规定了排污许可证核
发程序等内容，细化了生态环境部门、排污单位和第三方机构的法
律责任。

上述法律法规中虽均提及间接排放预处理的要求，但内容较少，且
重点是对预处理后达标排放（工业废水接管水质）的要求，未将预处
理技术要求与直接排放技术要求进行区分，未对预处理技术、实施主体
责任及预处理监管要求等进行规定。对于排污企业达标排入管网经污水
集中处理后产生环境问题是否应承担相应连带责任的问题还无明确规定
（见专栏 7 - 13）。①

专栏 7 - 13　关于废水纳管经城市污水处理厂排放

行为行政处罚法律适用问题

2017 年，环境保护部回复了《关于企业废水超标排放但纳管经城
市污水处理厂处理后达标排放行政处罚法律适用问题的请示》，表明对
违反《水污染防治法》的规定排放污水的，由环境保护主管部门处罚；

---

① 《印染企业废水排放起争议：集中处理致集中污染》，http：//news. sohu. com/
20141224/n407231488. shtml。

对只违反《城镇排水与污水处理条例》规定，未取得污水排入排水管网许可证或者不按照污水排入排水管网许可证要求向城镇排水设施排放污水的，由城镇排水主管部门根据《城镇排水与污水处理条例》有关规定予以处罚。

（二）我国预处理实施指导规范出台滞后，缺乏排放标准

我国于 2018 年出台了适用于行业型国家水污染物排放标准的指导文件——《排污许可证申请与核发技术规范水处理（试行）》（HJ978 - 2018）。近期颁布了《国家水污染物排放标准制订技术导则》（HJ 945.2 - 2018），规定"对于其他水污染物，如果排向城镇污水集中处理设施，应根据行业污水特征、污染防治技术水平以及城镇污水集中处理设施处理工艺确定间接排放限值，原则上其间接排放限值不宽于 GB8978 规定的相应间接排放限值，但对于可生化性较好的农副食品加工工业等污水，可执行协商限值"。相较于工业废水预处理的要求，上述指导文件出台相对滞后。

目前，我国约有 64 项水污染物排放标准，其中只有少部分标准涉及间接排放的控制要求。地方水污染物排放标准（50 项）中，仅有浙江、河北、河南和山东等省份颁布了通用型间接排放标准，缺乏行业型间接排放标准。《污水排入城镇下水道水质标准》（GB/T31962 - 2015）作为我国废水间接排放的主要依据，根据下水道末端是否设有污水处理厂及污水处理厂的处理程度，规定了 35 种有毒有害污染物 3 个级别的排放限值。但在我国排污单位众多、行业种

类纷杂的情况下，《污水排入城镇下水道水质标准》中的管控目标有待增加。

（三）我国预处理实施主体不清、责任不明

工业集聚区作为纳管企业的主要聚集地，园区内包括企业、管网、污水处理厂、住宅等。地方生态环境部门、园区管理部门（如园区管理委员会）、污水处理厂和企业之间的权责明确是园区水污染防治监管有效性的重要保障。然而当前我国工业园区环境管理责任不清、监管不足等问题还十分严重。有调查显示，在调查范围内绝大多数工业园区没有单独设立生态环境管理部门，环境监管主体、管控要求不清，且多存在重厂轻网现象。

四　对我国纳管企业监管的建议

美国环保局在预处理计划实施 30 周年（1973～2003 年）报告中指出，预处理制度是《清洁水法》NPDES 项目的核心部分。① 借鉴美国预处理制度经验，对我国纳管企业有效监管提出如下建议。

（一）尽快出台"工业废水预处理条例"，明确预处理实施各方责任

我国应结合《城镇排水与污水处理条例》，加快出台"工业废水

---

① EPA's National Pretreatment Program, 1973 - 2003: Thirty Years of Protecting the Environment, https://www.epa.gov/sites/production/files/2015 - 10/documents/pretreatment_ thirtyyears. pdf.

预处理条例"，明确排污单位、监管部门和污水处理厂的权责关系以及预处理的标准和要求。形成自上而下的监管体系，生态环境部拥有最终决定权，各省级生态环境部门负责本行政区预处理实施，市级以上政府执行和制定预处理标准。考虑将预处理要求纳入排污单位许可证中，监管部门依证监管。

（二）将监管权纳入污水处理厂排污许可证中

我国直接排放和间接排放的许可证均由生态环境管理部门发放，并承担监管责任。结合《排污许可管理办法（试行）》中提到的"污水集中处理设施的经营管理单位还应当提供纳污范围、纳污排污单位名单、管网布置、最终排放去向等材料"，以及《排污许可申请与核发技术规范水处理（试行）》规定填报的进水信息、出水去向等内容，下一步可考虑在污水处理厂许可证副本中增加排污单位预处理要求及排放限值相关内容，在污水处理厂许可证中增加其对纳管企业的监管权，减少生态环境主管部门对排污单位的监管，形成生态环境主管部门主要对污水处理厂监管，污水处理厂所属政府部门以"第三方"形式对纳管的排污单位进行监管（定期或不定期抽查等），生态环境主管部门不定期抽查排污单位的模式，从而减轻其压力。

（三）尽快编制基于水质的预处理标准，强化排污单位责任

根据《国家水污染物排放标准制订技术导则》，在满足环境容量的基础上，排污单位与污水处理厂签订符合水质要求的预处理标准。同时，建议明确集中处理过程中污水处理厂和每一家纳管企业应承

担的责任，明确若环境损害在污水处理厂无过错的情况下发生，排污单位应与污水处理厂一起承担连带环境责任，进而强化对纳管排放的监管。

（四）建立污染物退出机制和分类监管机制

我国可考虑建立污染物退出机制，适时更新排污许可证中污染物清单。因工艺改进及更新等因素，对于排污单位证明原工况下产生的污染物不会存在于新工况下也不会预期存在于排放中，监管部门可暂时取消对该污染物排污的监管，经一段时间（可根据工艺情况确定）后抽检新工况下是否有此污染物排出，如未检测到污染物，监管部门可取消对该污染物的监测。考虑建立分类监管机制，监管部门可减少对污水处理厂贡献百分比较小的排污单位的监督、审查频次，对重新分类的排污单位根据排污单位所属分类及时变更检查、监测、报告频率。

第八章　美国湿地补偿银行实施经验及对我国的建议

提　要： 湿地补偿银行是美国湿地保护中一项非常重要的市场化第三方机制，通过市场行为促进湿地补偿和"零净损失"。其特点包括：提供更好的资金计划和专业知识，保证开发者对湿地补偿的有效性，节约时间、节约成本，提高开发者和政府管理者的成本效益。我国湿地保护情况不容乐观，湿地保护工作仍然任重而道远。建议：加快完善湿地保护法规及人工湿地标准体系；研究设计并试点应用适合我国的湿地补偿银行机制；营造良好的湿地补偿市场氛围；建立跨部门联合评估小组对补偿银行的建立进行全面审核。

我国于 1992 年加入《湿地公约》，2000 年编制完成《中国湿地保护行动计划》；之后陆续出台了《全国湿地保护工程规划（2002—2030年)》《中央财政湿地保护补助资金管理暂行办法》《关于切实做好退耕还湿和湿地生态效益补偿试点等工作的通知》《湿地保护修复制度方案》《全国湿地保护"十三五"实施规划》等文件。在《生态文明体制改革总体方案》中也将湿地保护与发展列为重要内容。然而我国湿地保护情况不容乐观，湿地面积萎缩、生物多样性减少、生态功能退化等问题仍然严峻，湿地保护理念、湿地工程质量、湿地管理水平均有待提高，湿地保护资金需求与投入尚有较大差距，还未建立湿地补偿长效机制。

美国自 20 世纪 70 年代开始采取湿地保护政策。在随后的几十年间，美国基于严厉的湿地保护政策和可靠的市场机制建立了湿地补偿银行机制，成功地实现了湿地在总量和功能上的可持续平衡，兼顾了湿地开发者的义务与保护者的利益，其经验具有极高的分析和参考价值。

一 美国湿地补偿银行演变历程

湿地补偿银行是指在一块或者几块地域空间上，恢复受损湿地、新建湿地、加强现有湿地的某些功能或保存湿地及其他水生资源，并将这些湿地以"信用"（Credits）的方式通过合理的市场价格出售给湿地开发（占用、破坏）者等，从而达到补偿湿地损害的目的。用再建（或功能恢复）的新湿地作为对人为破坏湿地的赔偿，实现湿地在总量和功能（包括蓄洪、水质保护、鱼类和野生动物栖息地和地下水补给）上的可持续平衡；同时，还平衡了湿地开发者的义务与保护者的利益。

（一）湿地补偿银行的发展历程

1988 年，美国联邦政府提出了湿地"零净损失"（No Net Loss）的目标，该目标指必须通过开发或恢复的方式对转换成其他用途的湿地数量加以补偿，从而保持湿地总面积不变甚至增加。1993 年，克林顿政府出台了一份执行"政府湿地计划"（The Administration's Wetland Plan）的联邦指导，再次强调美国湿地保护的目标为保持美国现有湿地的"零净损失"。2004 年，小布什总统提出了超越"零净损失"的新政策目标——全面增加湿地数量和改善湿地质量的"总体增长"（Overall Increase）目标。这些政策指导促进了湿地补偿机制的产生与发展。在此时代背景下，湿地补偿银行（Mitigation Banks）应运而生。经历了从 20 世纪末产生到逐渐获得认可，再到 21 世纪初快速发展，直至平稳发展的历程（见图 8 - 1）。

湿地补偿银行产生并逐渐获得认可阶段（1983 ~ 1995 年）：1983年，美国鱼类和野生动物管理局支持建立了第一批湿地补偿银行。1993年，美国环保局、陆军工程兵团发布《中期银行业务指导》，将湿地补偿银行视为解决湿地补偿措施的主要方式；同年，白宫环境政策办公室颁布《多式联运表面运输权益法》，再次以法律手段确定湿地补偿银行的地位。至 1995 年《建立、使用和运行补偿银行的联邦指导意见》（又称《1995 联邦湿地补偿银行导则》）发布后，湿地补偿银行在全国范围内扩张，成为主流补偿措施。

快速发展阶段（1995 ~ 2008 年）：在确立湿地补偿银行法律地位之后，1998 年，《21 世纪交通运输股权法》（TEA - 21）颁布，将湿地补偿银行定为交通运输项目联邦资金的首选替代补偿方式。至 2001 年美

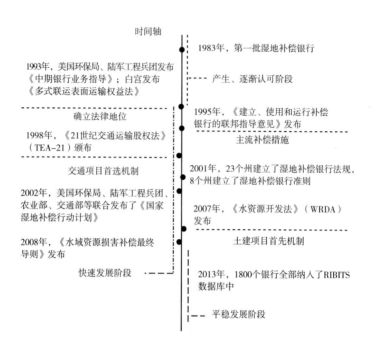

图 8-1　湿地补偿银行发展历程

国 23 个州建立了湿地补偿银行法规，8 个州建立了湿地补偿银行准则。

2002 年 12 月，美国环保局、陆军工程兵团、农业部、交通部等联合发布了《国家湿地补偿行动计划》，该计划包括 17 项行动项目，旨在改善包括湿地补偿银行在内的各种形式的补偿性的生态绩效和结果，以进一步实现"零净损失"的目标（《国家湿地补偿行动计划》的目标后被纳入 2008 年《水域资源损害补偿最终导则》）。2004 年，湿地科学家协会指出湿地补偿银行是一个健全的机制，可以提高补偿性的成功率，但在项目的选址、设计、实施、监测和长期监管等方面还需改进和完善。2007 年，《水资源开发法》（WRDA）确定湿地补偿银行是抵消与土建工程项目相关的不可避免的湿地影响的首选机制。

平稳发展阶段（2008 年至今）：2008 年，美国陆军工程兵团和美国环保局对《清洁水法》第 404 条中的补偿性措施进行了修订（即 2008 年《水域资源损害补偿最终导则》），表示在适当的信贷可用时优先考虑使用湿地补偿银行。近年来，湿地补偿银行平稳发展，已形成较完备的运行机制。

（二）湿地补偿银行的现状

1993 年调查发现美国有 46 家处于不同功能阶段的湿地补偿银行；到 2001 年 12 月，获批准并开始运营的湿地补偿银行已有 219 家，在不到 10 年的时间里，数量增加了 376%；截至 2013 年，已有 1800 个湿地补偿银行纳入了美国湿地替代费和银行管理跟踪系统（RIBITS）中（见表 8 - 1）。而美国东南部地区天然湿地众多，也成为湿地补偿银行的聚集地。

表 8 - 1　湿地补偿银行数量的发展情况

单位：家

年份	湿地补偿银行数量	备注
1992	46	几乎所有湿地补偿银行都是国家银行，国家机构或大型公司储存湿地信贷供其自身使用，具有单一用户的特点
2001	219	约 139000 英亩（1 英亩 = 4046.86 平方米，下同），其中 130 家为创业银行，29 家售完信用；在已授权的银行中有 40 家被授权为"伞形银行"*；另有 95 家银行在审核阶段，占地 8000 英亩
2005	450**	其中 59 家售完信用；另有 198 家银行在提案阶段
2012	122	—
2013	1800	银行全部纳入了 RIBITS 数据库中

注：* 指在同一个授权文书下有多个补偿场地；** 表示由于调查中将伞形银行视为单一银行，所以实际场地数会大于这一数值。

二 美国湿地补偿银行机制解析

（一）美国湿地补偿银行的法律依据

美国历来以法为基石，湿地补偿银行的发展也离不开法律的支持。《清洁水法》第 404 条是湿地补偿（银行）最主要的法律依据，其演变过程大致经历了 4 个阶段，如图 8 - 2 所示。

第一阶段（1980～1990 年）：《清洁水法》第 404 条规定，申请者若要获得开发活动的许可，必须满足一定的前提条件：①不存在比现有项目对环境影响更小的替代方案；②该项目不违反其他法律；③该项目对湿地不会产生重大影响；④该项目已采取所有减小对湿地不利影响的合适可行的措施。依据上述 4 个条件，栖息地发展和恢复技术可以用来减小不利影响和补偿受破坏的栖息地，这便在事实上建立了保护湿地的法定的损害补偿机制（即法律依据）。

第二阶段（1990～1995 年）：1990 年，美国环保局和美国陆军工程兵团签署了《清洁水法》第 404 条（b）（1）款——环境导则的补偿决定备忘录，确认了湿地补偿银行机制的合法性，确立了避免、减小（最小化）和补偿三个原则，明确了对于不可避免的不利影响，需要适当和切实可行的补偿措施，以恢复受损湿地、新建湿地、强化现有湿地、保存现有湿地为四种主要方式。这对《清洁水法》第 404 条中的许可程序产生了重大影响。

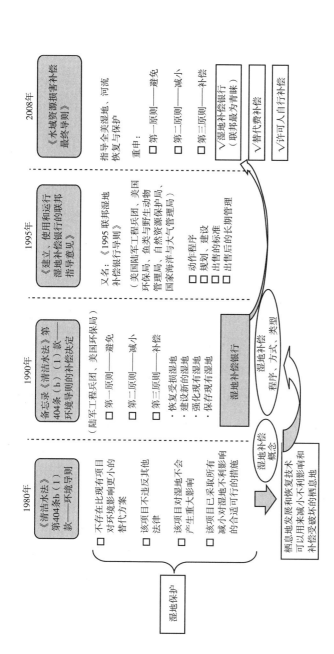

图 8 – 2　美国湿地补偿银行法律依据

第三阶段（1995～2008年）：1995年，美国环保局、美国陆军工程兵团、鱼类与野生动物管理局、自然资源保护局、国家海洋与大气管理局共同发布了《建立、使用和运行补偿银行的联邦指导意见》，又称为《1995联邦湿地补偿银行导则》，对湿地补偿银行的监管机制和程序框架做了详细规定，涵盖了运作程序、规划、建设、出售的标准、出售后的长期管理等内容，成为美国湿地补偿银行实施的主要法律依据。随着其发行，湿地补偿银行在全美范围内扩张，成为主流补偿措施。

第四阶段（2008年至今）：2008年，美国陆军工程兵团和美国环保局联合颁布了《水域资源损害补偿最终导则》，纳入更全面的补偿性减免标准，除了湿地补偿银行外，也给予了湿地替代费补偿（In-lieu Fee Programs）、湿地开发者自行补偿（Permittee-responsible Mitigation）的合法地位，从而全面确立了湿地补偿的三种机制。

值得注意的是，三种机制各有特点。湿地补偿银行为事前补偿机制，事先恢复和新建的湿地以类似信贷的方式按照合理的市场价格卖给开发申请人（湿地补偿义务人）；替代费补偿为事后补偿机制，开发申请人（湿地补偿义务人）支付费用到替代费项目账户（即第三方账户），第三方用此费用代替开发申请人（湿地补偿义务人）承担湿地补偿的法律责任；开发申请人自行补偿湿地，则需提交湿地损害补偿计划草案以待批准，后期自行恢复受损湿地。

美国的湿地补偿制度有明确的法律支撑，且在法律基础上配有一系列详细的实施细则，使其具有极强的可操作性，这也是美国湿地补偿制度得到快速发展的基础。

（二）美国湿地补偿银行机制的三要素

整个湿地补偿银行的运作机制如图 8 - 3 所示。湿地开发者（当事者）、湿地建设者（湿地补偿银行）与银行监管者（主要为美国陆军工程兵团或美国环保局）三者关系如图 8 - 4 所示。湿地补偿银行实际上是市场化的第三方机制，对于湿地开发者来说，向湿地补偿银行付钱购买相应的"信用"，就转移了湿地开发建设的责任。

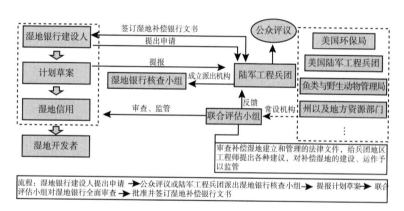

图 8 - 3　湿地补偿银行申请及运作流程

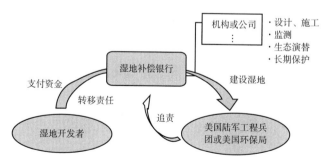

图 8 - 4　湿地补偿银行"三方"关系

第一，银行建设者。湿地补偿银行的建设者可以是政府、机构、非营利性组织、个人或个人与政府共同参与等。湿地补偿银行在运行方式上同货币银行十分相似，建设者建立、存蓄相当量的湿地，并通过出售湿地"信用"给湿地开发者，以此获得利益。然而，湿地补偿银行与货币银行又不相同，银行和湿地开发者之间以湿地为交易对象，交易单位为"存款点"（即每单位"信用"的售价），存款点和湿地英亩数的关系由监管机构（美国陆军工程兵团）评估决定，每存款点的标价根据土地价格由各州制定。在湿地补偿银行发展初期，由于很难对一块湿地的功能和定性上的价值做出评定，美国湿地补偿银行存款和借款是以简单英亩数来维持收支平衡的。逐渐地，通过一系列政策制定，解决了银行规模、地理服务区域、存款与借款的确定方法、补偿比例、信用收回的时间选择等要点问题。

对于一个湿地补偿银行，需具备四个要素：①拥有已经创建、恢复并受保护的湿地；②具有以上补偿湿地的相关法定文件，包括正式达成的协议，载明湿地补偿银行所有者、监管机构建立的责任及业绩标准、管理和监测要求、审批认证的银行存款点（即"信用"数）；③经（跨部门）联合评估小组（IRT）对湿地补偿银行进行法规监管、审查、批准；④明确服务的空间，即具体赔偿的湿地补偿银行的空间服务范围。因此，湿地补偿银行建设者要进行大量的前期准备、具有足够的专业知识和充足的资金，才能保证湿地补偿银行获得"信用"过程顺利。

第二，银行监管者。美国陆军工程兵团在湿地管理中居于主要地位，美国陆军工程兵团与联合评估小组负责授予银行许可并对其进行监管，美国环保局、鱼类与野生动物管理局等其他部门，对美国陆军工程兵团的工作予以协同、监督，且美国环保局有权禁止、否认或限制使用任何规定的区域作为处置场所的行为。通常，联合评估小组由美国陆军工程兵团、美国环保局、鱼类与野生动物管理局、自然资源机构，以及部落、州与地方监管和资源机构等联合组成，其主要职能是审查补偿湿地建立和管理的法律文件，给美国陆军工程兵团所在区域的工程师提出建议，对补偿湿地的建设、运作予以监管。联合评估小组或为区域常设机构，或由区域工程师针对每一个银行建立。一般情况下，美国陆军工程兵团区域工程师是联合评估小组的主席。

第三，湿地开发者。根据《清洁水法》第 404 条规定，湿地开发者在建设项目可能造成湿地损害之前需进行许可申请。其通过向湿地补偿银行建设者购买可能造成损害的同等面积（经补偿比例换算）以及同等生态功能的湿地，以实现对湿地的生态补偿。

最早期的湿地补偿银行形式来源于美国联邦公路修建项目。为了补偿因修建公路造成的湿地损害，联邦公路管理局营建了许多湿地项目，作为对已经出现或即将出现的湿地损害的补偿储备，以应对今后的湿地损害补偿责任。1991 年，美国国会通过了一项《交通联合运输效率法案》，其中一项条款指出对于联邦政府资助的公路项目，如果影响到湿地而必须补偿，建设湿地补偿银行的成本可以从联邦公路基金中支出。

（三）美国湿地补偿银行获得、出售"信用"的流程

如图 8 - 3 所示，若想获得"信用"，湿地银行建设者需要向美国陆军工程兵团提交申请说明书，在经过初审（包括至少 30 天公众评议期），反馈结果（初审后 30 天内），修改、提交计划草案（反馈后 30 天内）

及联合评估小组审查一系列程序后，美国陆军工程兵团批准并签订湿地补偿银行文书，或不予批准（从计划草案信息补充完整到最终决定需在 90 天内完成）。而在这个过程中，美国陆军工程兵团区域工程师具有很大的权力，包括设立临时现场核查小组、发放初审评估结果、成立联合评估小组以及最终确定是否批准许可。

通常，湿地银行建设者提交的申请说明书中必须包括：①拟建银行建立的目的；②银行如何建立、如何运行；③拟建的服务区域；④拟建银行的一般需求和技术可行性；⑤银行的拟议所有权管理和长期监管计划；⑥经营资格，主要描述已成功完成的湿地项目，包括以往相关活动的所有信息内容；⑦拟建银行所需场地的生态适宜性，包括场地的物理、化学、生物特性以及场地如何达到水资源类型和功能的计划；⑧保证具有足够的水权来支持银行长期可持续发展。

修改完善的计划草案应包括：拟建银行的地理服务区描述；会计程序；湿地开发者拿到"信用"后银行提供补偿减免的法律责任说明；违约和终止条款；协议报告；湿地补偿计划，主要为 2008 年《水域资源损害补偿最终导则》的第 332.4（c）（2）~（14）条所列项目；"信用"发放计划及其他必要的信息等。其中，湿地补偿计划主要包括：①目标，即补偿项目资源功能的描述，包括可提供的资源类型和数量、补偿方式（恢复、新建、强化、保存）和方法；②选址标准；③相关文件；④场地基本信息；⑤"信用"确定；⑥补偿工作计划（地理界线、工程建设的时序和时间表、水资源、所需植被区的建设方法、控制入侵物种的方法、高程或斜坡分级计划、土壤管理、侵蚀控制措施等）；⑦维护计划；⑧生态绩效标准；⑨监测要求（监测参数描述、监测时间表），监测时间表和监测报告结果必须上报美国陆军工程兵团区域工程师；⑩长期管理计划（包括长期融资机制和长期管理的责任方）；⑪财务保证；⑫其他信息。

上述计划中，生态绩效标准必须以最佳、可用的科学可以测量或可行的方式进行评估。绩效标准基于函数变量、测量功能来描述功能评估方法、水文测量等水生资源特征，或比较参考相似水资源类型和景观的资源位置。需要定期监测，报告补偿场地是否达到生态绩效标准。禁止"一刀切"生态绩效标准，而是根据水资源类型、地理区域和补偿方式的不同有所不同。而对于监测，要求监测期最少不得低于5年，在达到要求后，区域工程师可以减少或取消对剩下项目的监测要求；若未达到，将延长监测期。区域工程师会根据适应性管理的需求更改监测要求。

（四）美国湿地补偿银行运行中的关键点

一是银行"信用"额度。在湿地补偿银行运行中，银行获得的"信用"额度决定了其可出售的权限。通常，当前场地和未来场地条件的区别越大，每英亩土地获得的存款点越高，如1英亩退化农田修复为1英亩淡水沼泽，则每英亩0.5存款点；若1英亩退化农田修复为1英亩潮汐湿地则可得到每英亩1存款点。

二是"信用"发放。湿地补偿银行的"信用"并不是一次全部取得，而是按湿地补偿银行文书中"信用"时间发放表来分批发放。依照有关文书，"信用"获取时间是在90%的"信用"行为完成以后：地役权登记记录（15%）、外来入侵物种的清除（25%）、湿地地理位置分级（柏树沼地、地表水流、沼泽、湿草原、树岛和坡地群落等）（40%）和植被覆盖（10%），最后10%的"信用"获得是在第一年（5%）和第二年

（5%）的成功管理之后。同时，存款点和湿地英亩数的关系由监管机构（美国陆军工程兵团）评估决定，湿地补偿银行的存款点标价是由湿地补偿银行决定的，但是要根据当地（州）土地的价格由美国陆军工程兵团区域工程师对其进行评估，使其基本符合实地补偿原则。

三是地理服务区域。在湿地补偿银行建设者按照湿地补偿银行协议文书完成对湿地补偿银行的建设（包括建设湿地的水文条件、植物覆盖率、物种比例等）和运作，且均为合格后即可出售"信用"。在出售"信用"时还需注意，每个湿地补偿银行都有其地理服务区域（Geographic Service Areas），只有在其地理服务区域内的湿地损害，才能从该银行中购买湿地。联邦指导明确指出银行地理服务区域应以"美国水文单元地形图"（The Hydrologic Unit Map of the United States）为基础，但当前仅有 11% 的银行遵循这一原则。大部分银行采用流域方法对地理服务区域进行界定，而且各州之间采用的标准也有所不同，例如，芝加哥以流域为基础对银行服务区域进行定义，并保持很小服务区域，而且只允许在银行很近的距离产生影响；相反，威斯康星州有一家银行允许把全州当作一个服务区域。

四是补偿比例①。陆军工程兵团会充分考虑区域稀缺水资源的生态价值（影响场地和补偿场地），确保补偿是足够的。补偿比例确定依据包括：湿地补偿方式（恢复、新建、加强或保存）、成功的可能性、功

---

① 补偿比例是指湿地开发者开发湿地时，需要按评估结果补偿湿地，即恢复、新建或加强的湿地面积与湿地占用面积的比。各州对补偿比例规定也不一样，如得克萨斯州的安德森束缓解银行要求对高质量湿地的补偿比例为 7∶1，对中等质量湿地的补偿比例是 5∶1，对低质量湿地的补偿比例是 3∶1。

能间的差异（影响场地和补偿场地）、水资源功能的短暂损失、恢复或建立所需水资源类型和功能的难度、影响场地和补偿场地之间的距离等。一般补偿比例不会小于1:1，而保存现有湿地项目因未增加湿地面积，所以补偿比例一般更高。

（五）美国湿地补偿银行的优势

首先是极大减少了湿地"零净损失"的不确定性。该方式为事前行为，在湿地损害之前就已完成，能够缓解项目损害影响，特别是缓解项目中湿地价值的短暂损失。

其次是能够提供更好的资金计划和专业知识。湿地补偿银行拥有专业的湿地维护人员和设备，能够保证开发者对湿地补偿的有效性，以及保证长期检测、监督和管理的实施。此外，由于湿地补偿银行建设需要的资金量比较大，从而提高了该领域公私合作模式的应用水平。

最后是节约时间、节约成本。由于申请许可需要一系列程序，因此，湿地补偿银行为湿地开发者节省了大量时间，湿地开发者只需选择适合自己的湿地补偿银行，并购得湿地开发相应的"信用"即完成了湿地补偿，同时转移了湿地补偿责任。

三　我国湿地补偿现状

（一）历史转折：进步与不足

20世纪60年代，我国为缓解人口增长压力，开始大面积毁林开荒、围湖造田，着手建造重大工程项目，大力发展第二产业，这一系列活动使得我国湿地面积和质量剧降。1992 年，我国加入《湿地公约》后，我国的湿地保护进入了一个新的阶段，国家政策、法律中开始体现湿地保护的概念及内容，但此阶段我国湿地面积依然呈现急剧下降态势。据第二次（2003 ~ 2013 年）全国湿地资源调查，我国湿地总面积为 5360.26 万公顷，湿地率为 5.58%，低于全球 8.6% 的平均水平，人均湿地面积仅为世界人均水平的 1/5。与第一次全国湿地资源调查相比，我国湿地面积减少了 339.63 万公顷，减少率达 5.96%，湿地面积萎缩、功能退化、生物多样性减少已成为我国最突出的生态问题之一。重开发、轻保护的湿地利用模式与当前的生态文明要求相去甚远。

为保证湿地保护与修复项目顺利进行，近年来我国持续加大对湿地保护的财政支持。2015 年，安排湿地补贴 16 亿元，其中包括：湿地保护与恢复支出 6.8 亿元、退耕还湿支出 1.15 亿元、湿地生态效益补偿支出 4.05 亿元、湿地保护奖励支出 4 亿元。2016 年，中央财政通过林业补助资金拨付地方 16 亿元支持湿地保护，其中用于实施退耕还湿和湿地生态效益补偿的支出达 5 亿元。

但是，当前我国没有湿地补偿长效机制，更没有与市场机制相结合。各地主要依托森林、草原和自然保护区建设开展湿地生态补偿工作，从整体来看，许多关于湿地生态补偿的政策都分散在一些规定当中。目前，我国有 40 多部法律涉及湿地保护，其中，有 18 部规定了湿地生态补偿制度（包括湿地保护补偿制度、湿地生态效益补偿机制、保护区生态效益补偿机制），25 个省市出台了《湿地保护条例》。2013 年，国家林业局颁布了《湿地保护管理规定》，第 32

条规定工程建设占用湿地需要进行补偿，首次在国家层面（部门规章）明确了湿地生态补偿，但这也只是原则性内容，并没有具体的解释。目前我国缺少一部专门以调整生态补偿为内容的法律制度，生态补偿标准目前尚不统一。

（二）特殊动向："以改善水环境质量为核心"下的大规模人工湿地建设

当前，随着"以改善水环境质量为核心"的水污染防治行动在全国范围内的开展，为满足从干流断面到流域（支流）水质持久稳定达标以及提标等各类要求，污水处理厂外排水质量多面临新的、更高的要求。因此，全国各地很多污水处理厂采用了或计划采用人工湿地作为外排尾水提标手段（达标排放前提下的深度净化）。从当前人工湿地建设运行情况来看，山东地区此类人工湿地的水质提升改善效果较为明显，人工湿地运行稳定性较好（山东部分地区自"十一五""十二五"期间就已基于"治、用、保"的流域治污理念，因地制宜，根据"一厂一湿地"原则，在较大污水处理厂出水口处修建人工湿地）。但是，东北、西北地区对于此类人工湿地的适用性、持久稳定性等持有一定程度的怀疑态度。但是总体来讲，笔者在以专家身份参与"全国水污染防治中央储备库项目评审"过程中发现，全国各地对于此类"污水处理厂＋人工湿地"的模式拥有极高的热情，基本从南到北、自西至东都申报了此类人工湿地项目。同时，许多地区在支流入干流（考核断面附近）的河口处，也希望通过兴建人工湿地来改善水质。

以当前的"水污染防治中央储备库项目"申报情况估计，人工湿地面积在近几年内或将呈现快速增长，但是当前，"污水处理厂＋人工湿地"的模式存在三大问题：①资金机制上，湿地的部分建设基本是依托中央和地方财政资金，建成后的运维及管理等后续投入有的捆绑给相关污水处理厂，有的则尚未明确；②建设技术与标准上，各地的湿地建设均没有一个较为成熟的验收标准，"近自然"理念在各地落实程度参差不齐，这其中既有地域气候差异的背景因素，也有项目承接方认知和技术水平的限制；③在对人工湿地监管上，人工湿地的主持修建并没有固定的主导部门，通常涉及多个政府部门和企业等，建设完成后便由承建部门管理或处于无部门管理状态，出现维护不统一和管理不专业等问题，甚至有个别单位无视人工湿地定位，计划在人工湿地开展第三产业和开发旅游项目。上述三个问题折射出来的，其实是人工湿地在资金、管理、标准、技术四个关键点的不足。

四 对我国的建议

美国湿地补偿银行经验对于当前我国破解湿地保护与建设资金困境、规范湿地运维管理，以及制定人工湿地建设标准、补偿标准颇有参考价值。

（一）加快完善湿地保护法规及人工湿地标准体系

建议综合考虑湿地成因、地理、水文、自然特性及珍稀动植物等因素，加快完善国家层面湿地保护法规及人工湿地标准体系，提出湿地

"零净损失"原则。从生态功能角度，探索建立"近自然"的人工湿地，确保生态系统完整性，并考虑为以后开展交易、置换湿地做储备和为技术标准做储备。

（二）研究设计并试点应用适合我国的湿地补偿银行机制

建议通过调研等形式，结合 2018 年出台的《国务院机构改革方案》，由自然资源部、生态环境部、国家发展和改革委员会等部门联合研究建立湿地补偿银行制度，明确监管主体，确定"信用"获取及"信用"出售的标准、交易比例等，并且对"信用出售后的长期管理"要求做出详细规定。同时，基于充分的市场调研及可行性评估选择自然条件允许、市场条件成熟的地区开展我国湿地补偿制度先行试点，并逐渐完善推广。

（三）营造良好的湿地补偿市场氛围

建议对未列入国家或省级湿地公园的湿地，可适当引入市场机制，允许私人团体参与湿地保护工作。鼓励和引导湿地建设公司转型为湿地建设—运维管理公司，同时，企业与政府间的投资合作适度向湿地补偿项目倾斜。此外，组织各部门协商，基于国土空间差异、地区经济发展差距等出台湿地补偿银行差异化发展的指导意见。

（四）构建跨部门联合评估小组对补偿银行的建立进行全面审核

建议成立湿地补偿银行委员会，负责高层次协商沟通，并确立一个主管部门主管。根据我国机构改革方案，建议考虑由自然资源部主管，并与生态环境部、国家发展改革委等共同构建跨部门联合评估小组对湿地补偿制度、操作流程予以监督和管理，并确保引入第三方机构的专业性和客观性。基于地域差异，按地区建立由不同部门组成的工作小组对湿地补偿银行进行申请核查，并交由跨部门联合评估小组对湿地补偿银行进行全面审核。

第九章　美国面源污染监管和防治经验及对我国的启示

　　提　要：美国是世界上较早开展面源污染监管和防治工作的国家之一，积累了 40 多年的实践与管理技术及政策研究经验，是世界上少数几个对农业面源污染进行全国性系统控制的国家，逐步构建了包括国家目标、国家立法、地方立法、管制措施、经济激励措施以及广泛的公众参与等在内的农业面源污染防治体系，开展了多种形式的农业面源污染控制管理工作。美国对我国的启示如下：尽快建立并完善国家受损水体清单，在面源污染防治顶层设计中突出抓关键少数、重点突破的工作思路；在实际工作中以具体流域的关键源区识别为基础，配置差异化的生态治污措施和目标体系；构建"萝卜＋大棒"式的经济激励政策体系；以部门监督和设计标准效果评估作为监管的主要抓手。

美国是世界上最早开展农业面源污染治理的国家之一，在农业面源污染治理的法规、体制设计以及技术研发方面积累了大量的实践经验。并且美国国土幅员辽阔，自然地理条件与我国诸多地区相似，许多先进的管理模式与治理技术如能通过适当的改进在我国进行本地化应用，将会对我国农业面源污染的监管和治理工作起到"事半功倍"的效果。

一　美国面源污染防治历程

美国的面源污染防治历程是随着其社会经济和自然环境变化而不断加深并动态发展的过程，主要体现在法律制度的不断完善、治理技术的不断推广和管理的不断创新等三个方面。在 1899 ~ 1970 年的 71 年间，美国的水污染防治经历了管理的开端（1899 年《河流和港口法案》出台）、水污染专属法律的确立（1948 年《联邦水污染控制法》，FWPCA）、基于水质的污染控制思路的提出（1965 年《水质法》出台，WQA）、初始排污许可制度的确定（1970 年环境管理职能主体美国环保局成立），这期间美国的水环境治理是以工业点源污染治理为主的。

到 20 世纪 70 年代初，农业面源污染对水环境的重要影响逐渐成为美国公众关注的重要议题。较典型的例子是，由农业面源污染造成的墨西哥湾"死区"事件（见专栏 9 - 1）。1972 年，美国参议院指出："除非面源污染得到有效控制，否则全国性的水环境质量和水生态修复的目标将无法达成",随即在 1972 年颁布的《清洁水法》第 208 条中规定了全域污水处理计划。由于在实际操作中缺少有效的经济激励体制和强有力的执行措施,该项计划并未取得预期效果,但这却是美国水环境治理历程中最为重要的事件,是从量变到质变的重要转变,确立了美国现代水污染控制体系和制度框架。到 1977 年《清洁水法(修订案)》中增加了农村清洁水计划,通过实施最佳管理措施(Best Management Practices,BMPs)以控制土壤侵蚀过程,这在一定程度上减轻了面源污染的影响,但仍未改变国会对面源污染防治工作的不满。1985 年,美国国会指出:"面源污染是当前迫在眉睫的重大问题";到 1987 年,国会参议员 David Durenberger 指出:"除非能够显著降低农业和城市径流以及其他类型的面源污染,否则绝大多数流域的水质均无法满足《清洁水法》提出的可渔、可泳的水质目标。"因此,1987 年参议院和众议院明确提出将控制面源污染增加为立法目标之一,在当年的《清洁水法(修订案)》中增加了第 319 条,即面源污染管理计划,并将其作为控制面源污染的一项国策。自此,美国从法律层面建立了较为完善的面源污染控制法律体系,包括第 101(a)条——立法目的、第 208条——全域污水处理计划、第 303(d)条——日最大负荷总量控制计划(Total Maximum Daily Loads,TMDLs)、第 319 条——面源污染控制计划以及第 404 条——疏浚或填充材料许可证。

专栏 9–1　墨西哥湾"死区"事件

20 世纪 60 年代,密西西比河沿岸农业土地增长迅速,导致污染加剧。20 世纪 70 年代,部分地区的含氧量已经不能满足海底鱼类的需求。自那时起，"死区"扩大至今。美国路易斯安那州立大学海岸生态研究所研究员吉尼·特纳表示："'死区'形成的原因是因为过量营养物质从密西西比河沿岸的农场流出，并最终排入墨西哥湾。这些营养物质进入墨西哥湾后，促进了海藻等有机物过度生长，后者在生长过程中不断消耗水中的氧气，最终使其他生物无法生存。"近年来，这片"死区"的面积处于不断变化中，其中至少有两次达到过 8200 平方英里，相当于美国马萨诸塞州的大小。近几十年来，全球"死区"的数量持续增加，目前已超过 550 个。政府的农业政策将影响密西西比河的污染程度。此外，几乎常年裸露的玉米地营养物质的渗出是造成这一问题的最大原因之一。

自此之后，随着美国各界及普通民众对面源污染危害认识的加深，一些部门性的规章制度也相继出台，如 1990 年美国国会通过的《海岸带再授权修正案》（Coastal Zone Act Reauthorization Amendments，CZARA）、《安全饮用水法》、《资源保护和恢复法》、《环境响应、补偿和责任综合法》及《联邦杀虫剂、杀菌剂和灭鼠剂法》等。但是这些法律条文中除了要求各州必须识别受损水体清单和建立日最大负荷总量控制计划之外，在国家层面上对面源污染的防治仍是以经济激励为主，并未对各州再提出相关强制性的监管要求，而是通过管理制度的不断创新，采用流域生态系统管理的方法作为面源污染防治的手段，推行一系列的经济激励政策，构成了包括法律、经济激励政策在内的完整的面源污染监管和防治体系（见图 9-1）。在实际操作中各州根据其实际情况的差异可采取一些强制性的监管手段，如美国加州《灌溉土地管制计划》等。

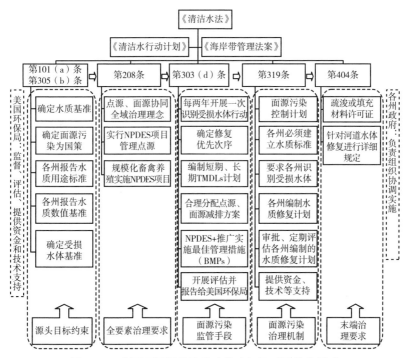

图 9 - 1 美国面源污染防治法律法规体系及总体思路

专栏 9 - 2 美国加州《灌溉土地管制计划》及其执行

《灌溉土地管制计划》是目前加利福尼亚州农业面源污染防控的主要法规。该计划的目标在于：一是监测正在损害相关水域的农业排放；二是与同农业相关的联盟机构和技术服务提供商合作研发农田水质管理及保护计划；三是协助农民遵守监管要求。加利福尼亚州水资源管制委员会将全州划分为 9 个区域，相应形成 9 个区域水质控制委员会，在实施《灌溉土地管制计划》的进程中，每个区域水质控制委员会制定本区域的主要水体质量决策，包括制定标准、发布废水排放要求，同时确定本区域的废水排放是否符合这些要求，并采取适当的执法行动，形成各自的农业管理方案。在实际操作中主要依赖于联盟小组，联盟小组基于地理位置（无论是流域还是县）或以商品为基础，直接与其成员农民合作，农民必须进行登记。农民必须单独或作为联盟小组的一部分，进行排放水域的水质监测。联盟小组制定区域管理计划，并在计划中明确农民应通过实施最佳管理措施防治径流等污染，然后在持续监测基础上，决定是否有必要升级最佳管理措施。

总体来看，《灌溉土地管制计划》通过向农民发布"废弃物排放要求"和"废弃物排放豁免清单"来做到：禁止过度施用超过作物需求的化肥和其他有机土壤改良剂；排放者必须报告灌溉水源的硝酸盐浓度；对农业区之内或附近的地下水硝酸盐浓度超标的私人水井进行抽样监测，并提交评估技术报告。

二　美国农业面源污染控制管理经验

（一）构建重点突破、目标明确的防治体系

美国在面源污染防治过程中的重点突破主要体现在两个层面。一是在防治工作的安排层面，联邦根据各州受损水体识别情况，按水体污染严重程度进行排序，确定防治优先次序，将防治资金和防治工作优先投放到重污染流域；二是在防治工作的执行层面，各州根据受损水体污染源和污染物主要传输通道进行空间识别，并将其作为面源污染控制政策措施发力的主要区域，实施重点突破，以最小的成本投入取得最大的防治效果。当前以磷指

数（Phosphorus Index，PI）为代表的面源污染关键源区识别技术已经在美国47个州的面源污染监管、措施配置、环境纠纷法庭裁决中得到很好的应用。

总体来看，美国面源污染管理流程包括：①在《清洁水法》中对国家水质的总体目标进行明确规定，并授权美国环保局负责面源污染控制工作；②在《清洁水法》中设立第319条作为美国向各州提供面源污染防治基础撬动基金的法律依据；③美国环保局要求各州必须以《清洁水法》中规定的水质标准为目标，建立各自的水环境质量标准体系，并对受损水体进行识别，建立受损水体清单，确定防治的优先次序，上报美国环保局；④各州必须针对受损水体，以流域为单元编制日最大负荷总量控制计划，并上报美国环保局审批备案，以此作为获得国家《清洁水法》中第319条资助的主要依据；⑤以受损水体所属流域的面源污染关键源区为基础，推广实施最佳管理措施，作为控制面源污染的主要手段；⑥多部门参与，通过设定一系列的经济激励政策作为促进最佳管理措施广泛应用的主要途径；⑦每2~3年对各州所属水体的水质进行一次动态评估，以及时掌握水质修复状况；⑧美国环保局建立水环境质量上报数据库和由"州—联邦—大学"构成的多方参与的监测网络，向公众提供监测数据上报通道，公开共享使用，并以此作为各州面源污染防治项目是否达标的主要监管手段，对日最大负荷总量控制计划下水质达标情况及污染控制措施效果进行评估，各州负责向美国环保局报告；⑨美国环保局局长每年必须向国会报告319计划实施情况及受损水体的修复状况。

（二）多部门、多领域、多行业融入面源污染防治要求

与点源污染不同，面源污染物来源的弥散性、不确定性等特点决定了

对其的监管和防治难以通过明确的排污管网进行溯源追责，因此，末端监管的方式是无法适应面源污染防治要求的。美国在面源污染防治中以国家立法为依据，在多部门、多领域及多行业的具体法规、条例、计划和规划中融入面源污染防治的要求。以切萨皮克湾流域面源污染防治中的马里兰州、弗吉尼亚州和宾夕法尼亚州为例，这三个州在分别包括农业、林业、水土保持、土地资源管理、土地规划、城市开发以及大气污染防治等9个相关领域的法律、政策、规划中融入了面源污染防治的具体要求。其中马里兰州融入面源污染的条款有45条，弗吉尼亚州有43条，宾夕法尼亚州有35条（见表9-1）。以表9-1中提到的土壤侵蚀和泥沙控制为例，马里兰州在1970年的《泥沙控制法》中明确规定，任何新建、改建的项目，对地表覆盖的扰动超过5000平方英尺和土石方量达到100立方码时，就要向当地政府报批，并编制相应的土壤侵蚀和泥沙控制规划。在对这些多部门、多行业、多领域的面源污染防治措施进行监管时，通常以相关的设计标准作为抓手，对排污设备进行标准化监管。以美国农业部在面源污染防治中所采取的最佳管理措施为例，通过以州为单位建立标准化的最佳管理措施数据库，提供标准化的操作方式及配置方案。在实际监管中，首先以是否按照标准的方法配置最佳管理措施，如缓冲带的设计是否在正确的位置、采用的树种是否合适以及设置的宽度是否足够等作为评估依据；其次依据流域出口水质浓度与日最大负荷总量控制计划中要求的浓度进行对比，将其作为评估措施有效性的主要手段。

（三）建立职责清晰的多元协作机制

面源污染的特征决定了在开展污染防治的过程中，需要部门之间、

表9-1　美国切萨皮克湾面源污染防治在不同行业、领域中的具体体现

分类	马里兰州	弗吉尼亚州	宾夕法尼亚州
农业	《规模化养殖排放许可》 《土壤保持和水质计划规模养殖排放许可》 《养分管理计划》 《农业泥沙污染控制阀》 《农业管理法》 《农业认证项目》	《规模化养殖排放许可》 《农业资源管理计划》 《养分管理计划》 《畜禽废水管理计划及排放许可》 《畜禽类便运输计划》 《精准施肥设备减税计划》 《农业管理法》	《规模化养殖排放许可》 《水质管理计划排放许可》 《养分管理法》 《养分管理资助计划》 《农业农村环境管理计划》 《农业土壤侵蚀和泥沙控制规划》 《类肥运输和交易认证规定》 《粪肥储存规定》
暴雨径流	《暴雨径流排放许可》 《暴雨径流法》 《暴雨径流条例》 《暴雨径流设计手册》 《养分施用法》 《流域保护和修复计划》	《暴雨径流排放许可》 《暴雨径流管理计划》 《暴雨径流管理法》 《暴雨径流管理条例》 《暴雨径流法》 《草地和景观用地养分管理》	《暴雨径流排放许可》 《暴雨径流管理法》 《暴雨径流管理条例》 《可开发区域暴雨径流控制最佳管理措施手册》
土壤侵蚀和泥沙控制	《泥沙控制法》 《土壤侵蚀控制法》	《土壤侵蚀和泥沙控制法》 《土壤侵蚀和泥沙控制手册》	《土壤侵蚀和泥沙控制计划》
腐殖质管理	《可持续增长与农业保护法》《农业腐殖质法》 《畜禽类便冲洗税》	《污水控制和处置条例》 《潮水区污水处理系统》《切萨皮克湾保护法》	《污水处理设施》 《污水处理设施排放许可》

续表

分类	马里兰州	弗吉尼亚州	宾夕法尼亚州
土地保护	《农业土地保护计划》	《土地保护基金》	《农业用地权保护计划》
	《农村遗产计划》	《地权保护法》	
	《森林保护计划》	《开放空间保护信托基金》	
	《开发权购买和转让计划》	《开发权购买》	《农业安全区计划》
	《环境信用地权制度》	《转让计划（有限的）》	
	《农田保护计划》	《公共娱乐设施管理法》	
	《开放空间保护计划》	《土地保护地税计划》	《县市规划代码》
	《切萨皮克湾关键源区法》	《切萨皮克湾保护法》	
	《经济发展_资源保护和规划法》		
土地利用规划	《精明增长法》	《土地使用价值税》	《土地使用价值税》
	《优先资助区域法》		
	《马里兰州规划》		
资助基金	《清洁水法》第319条	《清洁水法》第319条	《清洁水法》第319条
	《保护修复提升计划》	《保护修复提升计划》	《保护修复提升计划》
	《农业水质成本分担计划》	《切萨皮克湾修复基金》	《绿色增长计划》
	《残茬覆盖计划》	《农业最佳管理措施成本分担计划》	《宾夕法尼亚州基础设施投资计划》
	《养分管理计划》	《农业最佳管理措施抵税计划》	《能源回收计划》
	《粪肥运输计划》	《提升保护计划》	《切萨皮克湾面源治理计划》
	《农业保护低息贷款计划》	《水质改善基金》	《切萨皮克湾执行基金》
	《溪流及三角洲修复计划》	《暴雨径流管理基金》	《资源提升和保护计划》

续表

分类	马里兰州	弗吉尼亚州	宾夕法尼亚州
资助基金	《切萨皮克湾修复基金》《畜禽养殖废弃物技术资助计划》《切萨皮克和大西洋海湾信托基金》	《清洁水周转基金》《区域合作激励基金》《养分抵消基金》	《环境质量激励计划》《切萨皮克湾监管和问责计划》
大气沉降	《清洁空气法》-《州执行计划》《马里兰州健康空气法》	《清洁空气法》-《州执行计划》	《清洁空气法》-《宾夕法尼亚州空气污染整制法》
其他手段和政策	《水质标准》《森林缓冲带》《褐土自愿清洁及修复激励计划》《养分交易》	《水质标准》《切萨皮克湾和弗吉尼亚水域清理和监督法案》《水质改善法》《区域治理计划》《切萨皮克湾流域养分交易》	《水质标准》《清洁河流法》《宾夕法尼亚州面源管理计划》《宾夕法尼亚州水计划》《养分交易计划》

地区之间、政府和公民之间进行多元协同合作。美国环保局、美国农业部、各州政府及个人在面源污染防治的各个工作环节中扮演的角色和职能定位各有不同（见表 9-2）。依据《清洁水法》的授权，美国环保局在面源污染防治中拥有领导地位，主要负责实施相关资助计划、对各州面源污染控制方案进行前期审批及对后期效果定期开展监督评估、提供相关技术指导和培训、管理国建监测数据网络等。美国农业部等其他部门则需要在相关活动中考虑面源污染对水环境的影响，如具体负责指导、培训、资助农民在农业生产活动中实施最佳管理措施以控制面源污染；其中，美国农业部自然资源保护中心（USDA-ARS）基于 CEAP（Conservation Effects Assessment Project）计划所设立的最佳管理措施数据库，对农业面源污染防治中所采用的各类包括工程型和管理型措施的成本、实施方案、适用条件、建设施工标准以及在特定区域实施后可能引起的污染物削减效率等进行了详细说明，便于农民在实际中直接应用。各州和地方政府则承担设定区域化的水质标准，识别受损水体并上报美国环保局，组织编制受损水体的日最大负荷总量控制计划，开展常规监测等。

（四）推广实施最佳管理措施（BMPs）

与点源污染相比，面源污染的空间范围更大、排放时间具有不确定性、形成原因比较复杂，因而不能像控制点源污染那样通过集中式的污水处理设施来控制面源污染，而是要通过对土地和径流的管理来对其进行控制。对面源污染的控制一般要从两方面入手：一是污染源，即从源头上控制污染物进入水体，这也是控制面源污染最有效的方法；二是污染物迁移转化途径，即通过改变或者切断污染物的传播途径来控制面源污染。

表 9 - 2 美国农业面源污染防治中的各方职责

监管环节	美国环保局《清洁水法》	美国农业部《农场法案》	各州政府	高校、科研机构	公民
立法执行	《清洁水法》	《农场法案》			
设立激励基金	《清洁水法》第 319 条	环境质量提升计划、资源保护计划、土地休耕和耕地保护计划			部分农场主
组织协调	大区办公室、各州、农业部门等		州内农业部门、高校、农场主等		
受损水体识别			负责所辖区域内受损水体识别，并向美国环保局报告		
编制流域规划	大流域规划，如切萨皮克湾区等		设定短期和长期目标		
编制日最大负荷总量控制计划	日最大负荷总量控制计划、流域规划、《清洁水法》第 319 条项目资助资金审批		组织编制	参与编制，提供技术支持	
项目审批	农业面源污染防治措施资助计划的审批				

续表

监管环节	美国环保局	美国农业部	各州政府	高校、科研机构	公民
设定技术实施政策标准	政策标准和评估标准	技术实施标准			
提供技术支持	向各州提供日最大负荷总量控制计划和流域规划的技术支持	向农场主提供实施农业面源污染控制最佳管理措施的技术支持	向农场主提供实施农业面源污染控制最佳管理措施的技术支持	向农场主提供实施农业面源污染控制最佳管理措施的技术支持	
培训与宣传	全国性的面源污染防治理念、监测方法等	推广最佳管理措施的必要性、要求等	实施日最大负荷总量控制计划	开展相关涉益者参与的宣传活动	
推广实施最佳管理措施		公共区域的最佳管理措施实施		协助开展最佳管理措施实施	各自农场范围内最佳管理措施实施
监测点位布设	国家监测点位	农田地块监测点位	受损水体评估监测点位	实验性监测点位	
效果评估	日最大负荷总量控制计划相关的防治政策、措施实施前、实施中和实施后的持续评估	最佳管理措施实施效果评估	编制评估报告，并向环保局汇报	实验性的最佳管理措施实施效果评估	

最佳管理措施是将点源和面源污染物控制在与区域环境质量目标一致的水平上最有效、最切实可行的一系列方法和手段，考虑了技术、经济和制度方面的因素。通常情况下最佳管理措施有工程措施和管理措施两类。工程措施主要从污染物迁移转化的途径入手，通过改变或切断污染源的传播途径，增加渗透来减少地表径流，以降低通过土壤侵蚀形成农业面源污染的风险。管理措施以源头控制为基本策略，强调政府部门和公众的作用，政府根据法律规定制定各种行政法规与管理制度，通过污染源管理、农业用地管理、城市土地规划管理等措施控制或减少污染源来实现控制目标（见图9-2）。与集中式污水处理设施相比，最佳管理措施具有操作更加灵活、对面源污染物的去除效果更佳、管理措施精

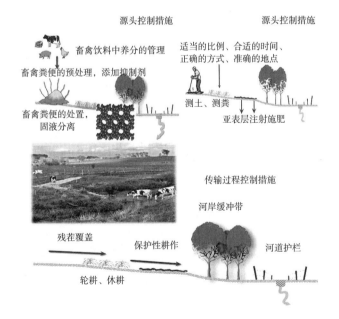

图9-2　常见的源头控制和过程控制最佳管理措施类型

细化程度更高、成本效益更好等特点，更能适应面源污染的不确定性特征（见专栏9-3）。

专栏9-3 农药化肥控制的"4R"型和缓冲带最佳管理措施

针对农药化肥污染，美国在控制措施配置时要遵循正确的施肥量（Right Amount）、正确的施肥时间（Right Timing）、正确的肥料比例（Right Ratios）以及正确的施肥地点（Right Place）的"4R"原则，体现出对于农业化肥源头减排、过程阻断以及时空差异性控制的总体考虑。与现在推行的"测土配方施肥"措施相比，其针对性更强，突施效果也更好。我国目前也开展了一些关于最佳管理措施的研究，如李怀恩等在陕西小华山水库进行的试验结果表明，植被过滤带对地表径流中的颗粒态磷、颗粒态氮、总磷、总氮和化学需氧量浓度削减率分别达到77.13%、82.02%、73.28%、46.05%和60.48%以上，负荷削减率分别达到87.25%、89.98%、85.11%、69.93%和77.97%以上，并能有效削减溶解态磷和溶解态氮的负荷量。

（五）实施以经济激励为主的系列配套措施

美国控制农业面源污染的主要办法就是推广实施最佳管理措施。为了保证最佳管理措施的有效推行，以美国农业部为代表的多个部门，制定并开展了多种不同类型的政策措施用于防治面源污染，以实现《清洁水法》修复水环境和水生态的总体目标。美国面源污染防治政策措施主要包括三类——经济激励型、命令控制型以及自愿参与型，共约10种不同的政策手段（见图9-3）。当前，农业收入和土地生产力保护仍然是美国农业部政策实施的主要目标。三类措施中，经济激励型措施更能适应面源污染防治的特殊要求，大多应用于农业生产活动的源头或生产环节，在实际应用中发挥的作用也更大。命令控制型政策手段针对性强、处罚严格、执行力强，但要求被监管对象明确且具备较强的同质性，否则会导致监管成本高昂。自愿参与型与命令控制型措施在面源污染防治中存在"水土不服"的缺陷，难以在全国范围内广泛应用。

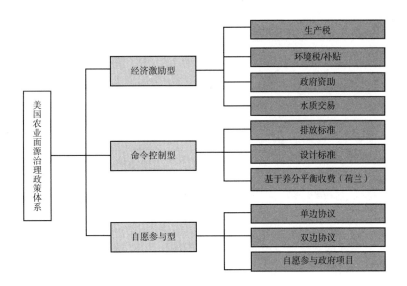

图9-3　美国农业面源污染治理政策体系

1. 创新资金分配方式,破解责任主体难以确定和面源污染"搭便车"行为的难题

浓度税是通过对特定区域的水环境质量进行定期监测,当水环境污染物浓度低于设定水平时,政府要向居住在这一区域内的居民支付一定补贴;而当水环境污染物浓度超过预先设定的阈值时,在该区域居住的所有居民则需要向政府缴纳一定额度的费用。浓度税的优势就在于能够通过改变治污资金的分配模式,使受损水体所辖区域内所有涉益者充分参与到面源污染防治措施的实施、监督等环节中,从而有效破解面源污染防治责任主体难以确定和"搭便车"行为的难题。

2. 多种经济手段并用,强化污染源头管控

通过加强农药、化肥生产企业注册管理,在农药、化肥生产或销售环节进行征税以及控制单位面积养殖密度等多种组合经济手段,最大限度地强化源头管控。受限于农业面源污染差异性较强的特征,采用统一标准征收生产税可能会对区域内小规模的农场产生较大的不利影响,而采用"阶梯税收"标准(针对位于流域面源污染关键源区内的农业生产者按照高标准征税,其他区域按照低标准征税)将更有利于实现流域面源污染防治的成本效益最大化。

3. 建立控制措施数据库,强化防治措施的设计标准监管

由于面源污染的特点,很难采用统一标准对其污染物排放标准进行有效监管,因此对面源污染治污措施的设计标准进行监管就成为面源污染监管更为有效的方式。美国环保局和美国农业部合作建立全国农业面源污染控制最佳管理措施数据库,针对全国不同区域自然地理条件的差异性对包括管理类措施和工程类措施在内的近 300 种最佳管理措施的设计标准、实施成本以及预期的污染物削减效率进行了详细说明。各农场主根据日最大负荷总量控制计划中规定采用的最佳管理措施类型，按照数据库中的相关标准实施。监管部门则要求被监管者采取标准化的控制措施来进行农业生产，以此有效破解由农业面源污染排放差异性导致的末端监管难题。

4. 发挥国家资金的引领撬动作用，扩大农业面源污染防治资金来源

1987 年美国国会通过了《清洁水法（修正案）》，其中的第 319 条建立了控制面源污染的国家计划，联邦政府首次通过该计划对面源污染控制进行资助。该计划主要用于面源污染防治计划的实施、立法、技术支持、财政支持、教育培训、技术转让、试点工程以及监测等活动。以此作为引领和撬动资金，随后联邦其他部门（如美国农业部）、各州以及相关企业也通过多种形式资助开展农业面源污染防治工作（见专栏 9 - 4）。

专栏 9 - 4　美国加州面源污染治理受资助资金的分配比例

以加州为例，2007 年其获得的 319 资助计划就达到了 1000 万美元，约占其面源污染治理经费总额的 50%。除了 319 资助计划外，在环境质量提升计划（Environmental Quality Improvement Program，EQIP）下设的 Farm Bill 基金也用于资助农业面源污染的治理，且相比于 319 资助计划，其更容易获批。加州 2007 年从环境质量提升计划中获得的资助为 2000 万美元，全部用于构建监测网络和实施最佳管理措施。

三　对我国面源污染监管的启示

(一) 尽快建立并完善国家受损水体清单，在面源污染防治顶层设计中突出抓关键少数、重点突破的工作思路

美国的经验告诉我们，以省 (区、市) 为单位编制面源污染重点流域清单，同时在正在编制的不达标水体规划中增加面源污染主要控制指标，并尽快向社会公布，在顶层设计中突出全国范围内开展防治工作的优先次序，将有限的人力、物力、资源投入对全国整体水环境质量影响最重的流域和区域，集中优势力量打赢面源污染防治的标志性战役。

(二) 在实际工作中以具体流域的关键源区识别为基础，配置差异化的生态治污措施和目标体系

农业面源污染虽然分散，但污染负荷的空间分布符合"20/80"原则，为对其进行有效监管提供了重要抓手。在实际工作中一定要结合面源污染关键源区的识别结果，考虑流域的自然地理、社会经济条件，分别采取差异化的生态治污措施，并合理地设定短期、中期和长期的修复目标，避免采取过激的监管措施，产生负面后果。

(三) 构建"萝卜＋大棒"式的经济激励政策体系

针对面源污染的多元化和复杂性特征，以推动流域生态治污措施、工程建设等为核心，设立并优化国家面源污染防治专项基金，发挥国家资金的基础带动作用，鼓励其他行业、部门及社会资本参与，形成以纵

向撬动和横向补助为主、强制监管为辅的差异化经济激励政策体系。在实际操作中，针对个别面源污染较重的地区，在短期内可采用命令控制型政策加强管制，待面源污染恶化趋势得到有效控制以后，则通过建立基于"阶梯价格"的化肥消费税、农药使用税以及流域水质交易等激励措施和劝说教育政策，鼓励更多的涉益者参与到面源污染的全过程控制环节中来。通过一段时期的管制、引导和教育，逐步使农民在农业生产资料（化肥、农药）的投入上形成"不敢投—不能投—不想投"的思维模式，真正实现农业面源污染防治的源头管控。

（四）以部门监督和设计标准效果评估作为监管的主要抓手

以流域为单元，建立日最大负荷总量控制制度，结合行政区划统筹分配点源、面源污染减排负荷，明确地方政府的减排责任，同时应当以科学的评估、监测数据为依据，对农业部门提出、设计和实施的削减农业面源污染的政策、措施、工程等进行评估，结合河流水质监测评估结果，将两者作为开展农业面源污染监管的主要抓手。

第十章　美国阿肯色州种养结合的畜禽养殖污染管理模式及对我国的启示

提　要：美国在农场环境污染问题方面所采用的治理模式，对于我国当前解决好农业农村特别是畜禽养殖业所产生的生态环境问题具有很好的借鉴意义。以美国阿肯色州农业种养结合可持续农场模式为例，其特点主要包括：扎实的科学基础、公正的研究支撑、透明的公众参与机制、多方合作机制。对我国启示如下：建立多部门的协调合作机制、调整优化畜禽养殖场的空间布局、积极推广种养结合的可持续循环养殖模式、推广实施最佳管理措施。

近年来，随着我国居民消费能力的增长和消费结构的升级，对畜禽类产品的需求量持续增加，导致畜禽养殖的规模不断扩大，污染物的排放量不断增加和对环境的影响不断加剧。畜禽养殖污染是畜禽养殖系统与生态环境系统的交互影响过程，污染源包括：畜禽粪便、畜禽饲养舍冲刷废水、养分含量过高的饲料及添加剂、病死畜禽体的非净化处理等，这些污染源会对环境造成交叉立体影响。同时随着养殖集约化的发展和周边的带动效应，出现了大量的养殖专业户、专业村，呈现"大点源"和"大面源"并发的立体污染趋势。目前，畜禽养殖污染已经成为大多数地区农业面源污染的主要来源。以北京密云水库上游流域为例，畜禽养殖污染已经占到该流域面源污染总量的80%～90%。

美国在农场环境污染问题方面所采用的治理模式，对于我国当前解决好农业农村特别是畜禽养殖业所产生的生态环境问题具有很好的借鉴意义，下面将分别从美国阿肯色州农业种养结合可持续农场模式、Bill Haak 农场案例介绍、我国在畜禽养殖污染防治中存在的主要问题、对我国畜禽养殖污染防治的启示等四个方面进行详述。

一 美国阿肯色州农业种养结合可持续农场模式

阿肯色州被称为"自然之州"，土地面积13.7万平方公里，有43个农场，平均每个农场面积约130公顷，是美国主要的农产品和畜禽产品产地，主要农产品有棉花、稻米、大豆，主要畜禽产品有禽类、奶牛和肉牛。为了实现环境保护和农业经济的可持续发展，阿肯色州建立了由12个不同类型农场组成的"探索农场"（Arkansas Discovery Farm，ADF）计划，ADF 计划采用统一的工作方案，建立包括联邦、州、郡县三级政府，州农业局，州林业局，自然资源及农业发展相关非政府组织/协会，以及农场主在内的涉益者委员会，来识别农场可持续发展面临的主要和潜在挑战，并负责项目的资金投入和运行监管。每一个农场都代表了不同类型的特点，在工作开展过程中收集经济、环境相关数据，用于提升并细化 ADF 计划解决方案。采用目前最先进的水质监测设备，对农业生产活动对水资源产生的影响进行评估，探索提出由农场外因素所导致的水环境问题解决方案。ADF 计划的整体目标是提出成本效益最大化的可持续农业生产方案，以满足农产品产量和环境质量目标的双重要求。同时建立了由美国农业部自然资源保护局（USDA-NRCS）、州环保局、美国地质调查局（USGS）、阿肯色大学以及自然资源和环境保护相关的科研机构等组成的技术支持委员会，负责农场农产品的生产、土壤、水质保护等事项。"探索农场"项目主要由以下四个主要环节组成：①扎实的科学基础；②公正的研究支撑；③透明的公众参与机制；④多方合作机制。

（一）扎实的科学基础

在阿肯色州，关于农业生产活动产生的径流对河流水质的监测数据和监测点位都比较少，因此，有效地判断农业生产活动对河流水环境产生的影响及响应关系存在较大的挑战，这种认识上的偏差是最初导致农业用水问题争议和农业生产者情绪化问题的主要催化剂。ADF 计划的目的就是通过对农场开展有效的监测工作，以科学的数据辅助决策工作。

由于农田径流过程存在显著的空间异质性，同时现代化的监测设备成本通常较高，这使得在农业研究领域其他方面所使用的传统试验设计和统计方法难以在农田径流和用水研究中得到应用。在对农业管理措施的效率和其他与农业用水和水质相关的水文过程进行监测时，与传统的小型地块监测相比，在相对完整的农田地块边缘对农田产生的径流进行监测是合适的空间尺度。

在 ADF 计划中有 3～4 个农场都配备有监测站，可以以对照监测点为基础，对包括农业用水管理、免耕、轮作或其他保护性措施在内的各类农业管理措施的实施效果进行监测。由于这项研究是在田间规模的农场上进行的，ADF 计划的工作人员在没有与当地农民进行第一次会商并进行彻底的农场调查之前，无法预先确定要调查哪些因素，并形成可以直接适用于农场的计划，也无法产生适用于该区域内其他农场的实验结果。因此，在 ADF 计划中，实地监测获取的科学数据是农场主进行农业生产和水环境保护相关决策的主要依据。

（二）公正的研究支撑

在美国的许多地方，对农业生产可能造成的水质影响的担忧引发了很多争议，并在农业生产者中引发了情绪化的问题，他们觉得自己受到了不公平的对待。在《清洁水法》的要求下，阿肯色州环保局及美国地质调查局收集了大量的河道水质监测数据。同时，阿肯色州自然资源委员会和美国地质调查局还在阿肯色州东部建立了地下水位下降的监测网络。由于灌溉是阿肯色州东部重要地下水地区的主要使用方式，因此，这就成为阿肯色州东部所有利益相关者普遍接受的观点和模式。

每个监测点位都配备有地表径流的流量监测装置，这使得径流流量既可以用流级压力传感器测量，也可以用流速剖面仪测量。同时每个监测点位还配置一套自动水样采集器和小型气象站，在自动流量监测探头的辅助下，每次地表径流发生时都会采集连续水质样品，用于后续的实验分析。

灌溉用水由配备数据记录器的螺旋桨流量计监控，有部分 ADF 计划内的农场还配备了自动化的蒸散发观测装置用于同阿肯色州规定的灌溉节律进行比对。水印传感器和数据记录仪用来记录土壤湿度的变化情况。在地块汇流出口位置的监测点，能够用来确定由灌溉系统和地表径流过程所导致的农田地块水质和水量的变化情况。

（三）透明的公众参与机制

ADF 计划由专门的委员会负责，阿肯色大学农业学院作为项目科技支撑的牵头单位，主要负责监测数据收集处理方案的科学性和有效性。ADF 计划管理委员会的领导层由农业部门和环境部门人员分别担任。涉益者委员会由州或联邦相关机构的代表组成。当前，阿肯色州自然资源保护和环境质量部门的人员加入涉益者委员会以保证项目工作的公开透明。

（四）多方合作机制

多方合作机制是解决水资源问题的基础。有部分团体已经通过赠款、赠品和合同的方式为 ADF 计划提供资金，这些捐赠者包括个人或公共机构。ADF 计划还参与了密西西比河流域健康计划（MRBI）。美国自然资源保护局负责对密西西比河沿岸的 13 个州项目相关的经济激励措施进行管理，并协助农场开展相关的地块边缘监测工作，主要包括数据的收集和评估（见图 10 - 1）。目前阿肯色州 ADF 计划中有 75% 的农场都参与了密西西比河流域健康计划。

图 10 - 1 养鸡舍的营养物质径流过程监测

图片来源：作者拍摄。

二 美国阿肯色州 Bill Haak 农场案例介绍

下面就 ADF 计划中本顿县 Bill Haak 农场的种养结合及畜禽养殖污染的治理模式进行介绍。Bill Haak 农场的面积为 96 公顷，位于 Neosho 河流域的下游，农场内有 140 头奶牛、120 头肉牛以及 11 种不同牧草和农作物。动物粪便的产生量约为 6 吨/天，尿液产生量为 2083 升/天，总氮为 17 吨/年，总磷为 3.7 吨/年。为了削减畜禽养殖污染对土壤和河流水质的影响，该农场采取了以下污染治理措施。

种养结合的可持续循环治理模式。Bill Haak 农场在科研机构的支持下对农场近五年的土壤养分含量进行了测试，并通过对农场的水文传输路径进行刻画，将农场分为 11 个不同的作物轮作区，根据土壤养分含量、作物的吸收量合理安排轮作计划，保证了畜禽的饲料供给，同时实现了畜禽粪便就地还田，实现了农场的养分平衡管理，减少了污染物的流失（见图 10 - 2）。

图 10 - 2　Bill Haak 农场的牛舍、草场和畜禽粪便预处理设施

图片来源：作者拍摄。

精准化的饲料配比对畜禽养殖污染的源头进行管理。测试奶牛和肉牛在不同生长阶段对营养物质的需求量，以此为依据进行精准化的饲料配比，保证畜禽生长对饲料中养分的最大吸收量，同时有效地减少畜禽粪便中氮、磷等污染物质的含量。同时，通过建设现代化的牛舍，在牛舍内实现了粪便的干湿分离，液态粪便通过管道进入污水处理系统，固体粪便则通过与木屑按比例进行混合，作为有机肥在畜禽粪便储存池中存储。木屑主要来自日常生活环节，包括建筑废弃物等。这实现了从源头上减少了污染物的输出量和资源的循环利用，畜禽粪便储存池现场没有异味，真正做到了畜禽粪便"无恶臭、无污染、易储存"。

采用三段式最佳管理措施对污染物进行削减。以农场水文出口的水质达标为目的，构建了由排污管道、湿式滞留池、干式滞留池、缓冲草带、河道护栏以及缓冲水塘构成的三段式最佳管理措施系统（见图 10 - 3）。利用土地的消纳、植物的吸收、水体的生物化学反应过程等通过滞留、吸附、反硝化等作用实现对污染物的削减，其中对总悬浮固体的削减效率能够达到 36%，对总氮的削减效率能够达到 44%，对磷酸盐的削减效率能够达到 48%。

图 10 - 3　Bill Haak 农场最佳管理措施布设场景

图片来源：作者拍摄。

种养结合的农业废弃物循环模式能够实现农场的环境效益和治理成本之间的效益最大化。以 Bill Haak 农场为例,上述的最佳管理措施系统的主要成本为连接牛舍排水系统至湿式滞留池之间的管道铺设材料成本和人工费,总成本约为 500 美元,其余设施都是在农场内就地取材,同时,畜禽粪便就地还田,还节约了大量的粪便转运成本。因此,Bill Haak 农场的畜禽粪便植物措施具有"少占地、不减产、易维护、高效益"等特点,具有较高的推广应用价值。

三 我国在畜禽养殖污染防治中存在的主要问题

畜禽养殖场的空间布局需要进一步优化调整。目前我国对环境影响较大的畜禽养殖场有 80% 分布在人口密度大、水系发达的华北平原及东部和南部沿海地区的大城市周边,养殖密度远远超过了当地的环境承载力。同时由于远离农田,畜禽养殖业与传统种植业日益分离,使得畜禽粪污资源化利用的可能性降低,大量粪污被直接排放到环境中,增加了收集、储运成本,这是导致畜禽养殖污染严重的深层次原因。

部分养殖场的设计和技术手段落后,所采用的清粪技术多为水冲式、水泡粪和干清粪模式,导致粪尿干湿不分离。另外大多数养殖场(特别是中等规模或规模以下)并未设置畜禽粪便储存设施,多采用露天堆放的方式,且未进行防渗处理,增加了养分的下渗量和流失量,污染了土壤和水体。

大部分畜禽养殖场还未全面建立可持续的畜禽养殖废弃物循环利用

体系，且目前大多数畜禽养殖活动并未实现种养结合。当前的治理措施大多针对 COD 和氨氮的治理，采用的是工业化的治污思路，并未对导致水环境污染的主要物质氮、磷配置有效的治理措施，导致畜禽粪便并未被有效利用而流失到环境中，对水体造成损害。

多部门联合治污的管理模式需要进一步优化。污染源的管理是畜禽养殖污染管理的重点，目前生态环境部门多针对畜禽养殖污染的末端治理进行监管，并未联合农业部门对畜禽污染产生的前端采取相关的控制措施，如使养殖饲料精准化以增加畜禽对养分的吸收，从而减少污染物的排放量。有研究表明通过饲料的精准化配比，能够使畜禽粪便的含磷量降低 50%。

四 对我国畜禽养殖污染防治的启示

建立多部门的协调合作机制。建立由生态、农业、林业、科研院所等机构组成的畜禽养殖污染防治协作机制。从畜禽养殖污染发生的各个环节配置精准化和系统化治污措施，防止"头痛医头，脚痛医脚"。

调整优化畜禽养殖场的空间布局。按照"以地定畜、以水定畜"的原则，根据土壤和水环境承载力情况，合理分配各个区域的畜禽养殖量，将畜禽养殖污染控制在土壤和水体的可消纳范围之内。对已造成水环境污染的现有的城市周边养殖场进行搬迁，保证水土环境质量。

积极推广种养结合的可持续循环养殖模式。在全国范围内开展、扶持一批种养结合养殖示范项目，通过加强技术指导，经过 3~5 年的实践，获取一批适用于各地区需求的可持续畜禽养殖污染防治模式，并向全国推广。

推广实施最佳管理措施。通过对包括农业、农村及畜禽养殖污染各个环节的产污风险进行识别，有针对性地配置最佳管理措施，实施精准化的管理，避免"一刀切"所导致的社会风险和高成本，并实现治污措施的成本效益最大化。

第十一章 美国土壤污染风险管理经验及对我国的建议

提　要： 风险管理是美国土壤污染防治工作的重要内容，美国土壤污染风险管理主要融入"健康风险评价"和"生态风险评价"过程中，基于综合风险评价的结果做出合理的风险管理决策并付诸实践。美国的土壤污染风险管理具有如下特点：一是构建完善的法律法规体系；二是建立有效的风险交流机制；三是应用成熟、分类的污染场地风险防控技术；四是规定明确的资金筹集和管理方式；五是建立多样化的土壤污染风险保险制度。目前我国土壤污染状况总体不容乐观，风险防范压力巨大，在土壤污染风险管理方面还存在土壤环境质量底数不清、地方层面土壤环境监管基础薄弱、土壤污染治理科技支撑能力不够、土壤污染防治专项资金管理亟待细化、土壤污染风险保险制度仍需探索等问题。建议：加快落实《土壤污染防治法》，确保《固体废物污染环境防治法》等相关法律体现土壤污染风险防范理念；加强中央对地方的科学指导，健全土壤污染风险交流制度；根据土壤修复目标推动试点示范，鼓励创新技术的开发；充分利用土壤污染防治专项资金，做好土壤污染风险管控；建立灵活性、多样化的土壤污染风险保险制度。

近年来，我国土壤污染问题日益凸显，引起了社会广泛关注，土壤污染风险防控工作迫在眉睫。美国在土壤污染风险管理方面具有丰富的经验，值得我国借鉴。

一　美国土壤污染风险管理历程

美国土壤污染风险管理可以根据风险评价内容大致分为四个阶段：萌芽阶段（20 世纪 80 年代以前）、人体健康评价阶段（20 世纪 80 年代）、生态风险评价阶段（20 世纪 90 年代）和区域生态风险评价阶段（20 世纪 90 年代末至 21 世纪初）。

美国环保局在成立早期就开展了关于风险评价及风险管理的实践工作，并于 1975 年完成了第一个风险评价报告，即《社区接触氯乙烯定量风险评价》（Quantitative Risk Assessment For Community Exposure To Vinyl Chloride）；1976 年发布了《可疑致癌物健康风险和经济影响评估暂行办法和指南》（Interim Procedures & Guidelines For Health Risk and

Economic Impact Assessments of Suspected Carcinogens）。这些文件的发布标志着健康风险和经济影响的风险评价开始成为美国环保局的常规工作内容之一。

1980 年，美国环保局宣布了 64 项污染物的水质量标准文档的可用性，这是其发布的关于大量致癌物质的定量规程的首次应用，是第一个用于风险评价的定量规程性文件。1983 年，美国国家科学院（NAS）出版了红皮书《联邦政府中的风险评价：管理程序》。同时，美国环保局将风险评价原理从开拓性报告整合到实践工作中。1984 年，美国环保局又出版了《风险评价和管理：决策框架》，强调在评价过程中要实现风险评价的过程透明、全面描述风险评价的优势与劣势及提供合理的可替代方案。此外，在 20 世纪 80 年代，美国环保局还开发了综合风险信息系统（Integrated Risk Information System，IRIS），该系统针对某一化学物质给出对人体健康影响的定性描述和定量评价。

20 世纪 90 年代，美国环保局发布了一系列风险评价准则（如 1986 年的癌症、诱变、化学混合物、发育毒性评估；1992 年的暴露评估）。虽然美国环保局最初关注的是人类健康风险评价，但其基本模型是适应 20 世纪 90 年代开展的生态风险评价，旨在评价植物、动物和整个生态系统风险。其间美国国家科学院又在一系列的后续报告中拓展了风险评价原理，这些报告主要有《杀虫剂对婴儿和儿童的饮食》（1993）、《风险评价的科学与判断》（1994）、《理解风险：民主社会中的决策》等。1995 年，美国环保局更新了其范围的《风险表征政策》，要求所有的风险评价要包括风险表征，以确保风险评价过程的透明；同时还强调了风险评价应清晰、合理及与其他同一范围的风险评价保持一致。2000 年，美国环保局发布了《风险表征手册》，加强实施风险表征政策。此外，1990 年《清洁空气法（修正案）》还进一步促进了风险评价与风险管理国会委员会/总统委员会（CRARM）的成立，其职责是全面调查所开展的风险评价和风险管理政策执行情况，以进一步防止由于暴露危险物质而产生癌症及其他慢性健康影响。1997 年，该委员会进一步出版了两卷报告，讨论了理解与量化风险以及减轻人类和生态风险的重要性。

2000 年后，美国环境风险评价的原理与实践主要依赖于美国环保局发布的准则和相关政策，具有代表性的包括"风险表征政策、累积评价准则（第一部分——计划与范围）、超级基金风险评价准则（或者超级基金场址风险评价准则）、信息质量准则、美国科技信息质量评价体系的总结"等政策、文件及准则。毋庸置疑，风险评价为风险管理决策的形成提供了大量关于环境风险的性质、大小、可能性等重要信息。2005 年，美国环保局颁布了最新的《致癌物的风险评价导则》。此外，2009 年，美国国家科学研究委员会出版的"银皮书"——《科学与决策：推进风险评价》，提供了美国国家科学院更新的建议，旨在改善风险评价决策效用和技术分析。"银皮书"也建议风险评价应被视为一个方法用来评价管理风险中的各种选择的相对优势，而不是以自身为目的，其蕴含了许多风险评价实践，这意味着风险评价更需要前期规划和风险管理者、风险评价人员以及其他利益相关者的参与，这样有助于确定风险评价中应该解决的风险管理问题。此外，"银皮书"还建议风险评价中的技术分析应该与需要回答的问题之间更加紧密结合。美国土壤污染风险管理各阶段主要特征如表 11 - 1 所示。

从美国土壤污染风险管理的实践来看，土壤污染风险管理主要融入在两个评价框架之中，即"健康风险评价"和"生态风险评价"。具体来看，相关风险评价主要有：污染场地清除及救济、土壤污染健康评价、生态风险评价、重金属风险评价、累积风险评价、土壤健康与生态风险综合评价等方面。

表 11-1　美国土壤污染风险管理发展阶段及其特征

发展阶段	基本特征及关键事件
萌芽阶段 （20 世纪 80 年代以前）	·风险源以意外事故发生的可能性分析为主 ·没有明确的风险受体，更没有明确的暴露评价和风险表征 ·整个评价过程以简单的定性分析为主
人体健康评价阶段 （20 世纪 80 年代）	·风险评价体系建立的技术准备阶段 ·风险类型主要为化学污染，风险受体为人体健康 ·初期提出环境影响评价：采用毒理分析的范式开展毒理评价，以生态终点污染物浓度与环境期望值比较确定污染状况 ·人体健康的评价局限于毒理评价和主要集中在致癌风险方面，美国环保局计划制定统一的概念模型进行风险评价 ·美国橡树岭国家实验室（ORNL，1981）提出针对组织、种群、生态系统水平的生态风险评价方法，并将此方法推广到人体健康的致癌风险评价中，为人体健康风险评价框架的建立奠定了基础 ·美国国家研究委员会（NRC，1983）以使用手册的形式提出的风险评价框架，完善了综合燃料风险评价的生态评价部分 ·美国环保局制定和颁布了一系列关于人体健康风险评价方面的技术性文件、准则或指南［如致癌风险评价、致畸风险评价、化学混合物健康风险评价、发育毒物健康风险评价、暴露评价、超级基金场地危害评价和风险评价等指南，内吸毒物和男女繁殖性能毒物等评价指南（1989 修改）］ ·风险评价方法已由定性分析转向定量评价，评价过程系统化 ·四步法：危害鉴别、剂量－效应关系、暴露评价和风险表征 ·进一步明确了风险源和风险受体，提出针对不同组织水平的生态风险评价方法

发展阶段	基本特征及关键事件
生态风险评价阶段 （20 世纪 90 年代）	· 形成了比较完善的生态风险评价框架，人体健康评价转变为生态风险评价，更加强调问题的形成（问题描述） · 1990 年美国国家研究委员会风险评价方法委员会（CRAM）将人体健康评价框架发展为生态风险评价框架 · 1990 年美国环保局提议风险因子应由化学物质、放射性物质发展到自然因子（非化学压力因子） · 1998 年美国环保局提供了一个完整的生态风险评价的过程，强调评价者、管理者和所有者之间的讨论，并发展到与风险评价处于并列的地位，但还没有充分体现出管理者和所有者的重要性；开展专门领域生态风险评价（如水生生态系统、流域的生态风险评价） · 此外，1997 年超级基金项目发布了自己的生态风险评价指南（八步法），首次提出一套基于生态的风险管理原则 · 风险压力因子也从单一的化学因子扩展到多种化学因子及可能造成生态风险的事件 · 风险受体从人体发展到种群、群落、生态系统、流域景观水平 · 评价方法：污染物扩散模型、种群动态模型 · 风险影响效果指标：死亡率、生长发育、繁殖力等定量化指标
区域生态风险评价阶段 （20 世纪 90 年代末至 21 世纪）	· 风险评价过程中更多强调空间结构、尺度、多压力因子、多风险受体有效地结合；对复杂系统开始有明确的认识 · 科学家们逐渐认识到区域环境特征不仅影响风险受体的行、位置等，也影响到风险压力因子的时空分布规律 · 强调区域社会、经济、自然环境状况的分析是区域风险评价的基础，并详细阐述了如何针对区域特点进行风险源、风险受体的判定，及暴露与危害分析和风险综合评价

资料来源：根据陈辉等《生态风险评价研究进展》，《生态学报》2006 年第 5 期整理。

目前美国土壤污染风险管理机制的主要特征体现在以下几方面。

第一，在法律法规（政策）、运行机制评价框架、评价原则、技术标准、评价程序、方法体系、评价模型、风险管理信息系统等方面已经形成了一套完备、成熟、科学、合理的体系，并已应用于污染场地修复、人类健康风险评价与生态风险评价等实践中。

第二，建立了"国家优先治理污染场地顺序名单"（NPL）和"污染治理构筑物竣工名单"（CCL）制度。确立了"预防为主的原则""谁污染谁治理原则""资金筹集制度""严格的法律责任制度""严格的污染主体连带责任制度"。

第三，实现分层次的管理框架，形成两个基本的评估框架：健康风险评价（四步法）和生态风险评价（三步法、八步法）。

第四，关注"多来源、多介质、多途径、复合污染、多受体"的健康和生态风险，评价范围也从局地扩展到区域景观水平。

第五，关注风险评价过程中不确定性和变异性（对于多种污染物的相互作用来说，往往采取简单的加和效应，其协同或拮抗效应还不清楚，带来了较大的不确定性）。

第六，评估模型：模拟模型与管理模型在当前评估过程中以定性和半定量为主，定量化的风险评价方法相对较少。

第七，构建了完善的综合风险信息系统，即"综合环境反应、补偿和责任信息系统"（CERCLIS）。

第八，将"风险评价"与"风险管理"界定为两个平行阶段，即"风险评价"是确定风险是否存在、风险的等级和范围的阶段，而"风险管理"是综合考虑了风险评价的结果后做出风险管理决策的阶段。

第九，风险评价与风险管理已经进一步与经济、社会、文化相结合。

二 美国土壤污染风险管理机构

从美国土壤污染风险管理实践来看，从最开始针对"棕地"的管理与治理到健康风险评价、生态风险评价等主要由联邦政府、州政府、地方政府和社区、非政府组织负责实施。联邦政府层面，美国环保局是美国土地污染治理的主导机构，负责评估土地的可持续再开发利用，并从固废、有毒物质控制等方面来预防土壤污染；美国农业部从农业可持续发展的角度保护农村土壤环境，负责土壤调查、分类、教育、健康评估及相关研究等，为保护土壤环境提供理论支撑。美国州政府也有监督责任，地方政府和社区推动联邦政府关注土地污染问题，强调土地污染治理是各级政府及私人机构、非政府组织和地方社区的共同任务，非政府组织积极参与并投资于土地污染的治理。

以超级基金污染场地为例，在联邦层面，美国环保局是污染场地治理的主管部门，授权各州、社区和棕地的利益相关方协同工作，对棕地进行合理的评估、清洁与可持续的再开发利用，包括：①对棕地的评估论证给予资助，将社区小组、投资人、贷款人、发展商及其他有影响的主体联系在一起；②明确责任，分清治理过程中贷款机构、市政当局、棕地的产权所有者、发展商、地块预期的购买者的责任；③为专业人员及被污染社区的居民从事清洁棕地工作提供培训资金；④向棕地清洁工作提供贷款和资助。美国州政府发起志愿者清洁计划并制定清洁标准，对整个棕地的清洁起监督作用，并与志愿方签署备忘录，进行分工合作；对已由私人部门清洁的地块，由州政府颁发证明已完成清洁的证书。美国地方政府和社区基于公共对话机制和公众参与机制，是推动联邦政府关注污染场地问题并对此提供帮助的主要力量，并强调棕地治理是各级政府及私人机构、非政府组织和地方社区的共同任务。美国非政府组织通过积极参与并投资于棕地治理，提高了各类项目的执行效率，有效推进了棕地的治理进程。

三　美国土壤污染风险管理经验

美国土壤污染风险管理主要通过制定相关法律法规、建立风险交流制度、发展风险防控技术、采用风险保险制度等手段及相关政策措施的实施，逐步形成了一个完善的风险管理体系。

（一）构建完善的法律法规体系

1935 年 4 月，美国国会通过《土壤保护法》，后于 1960 年、1965年分别颁布《联邦危险物质法》和《固体废物处置法》。随着 20 世纪70 年代棕色地块污染的日益严重，美国开始从废物管理角度控制和管理土壤污染问题。1976 年 10 月，美国国会通过《资源保护与恢复法》（对 1965 年《固体废物处置法》的修订），是第一个关于有毒废物的重要法规，其赋予了美国环保局对危险废弃物从"摇篮到坟墓"的管制权，并包含了有害物质的生产、运输、处理、储藏和处理等内容。针对《固体废物处置法》在实施过程中出现的问题，该法案于 1984 年进行了修订。1980 年美国政府颁布了《危险废物设施所有者和运营人条例》，该条例是一部实施细则，其对废物处理各环节的详细规定，进一步控制了由于固体废物处置不当而对土壤造成的污染危害。

1978 年的拉夫运河事件推动了《综合性环境反应、赔偿与责任法》（CERCLA，又称《超级基金法》）的出台，该法案由美国国会颁布，规定责任人要对由有害废物和有害物质引起的损害向公众进行赔偿，并设立超级基金来解决治理资金问题，按照国家优先治理污染场地顺序名单开展治理，明确清洁费用的承担者。但是，该法案过于严苛的责任界定导致潜在的责任方可能面临不确定责任及诉讼风险，限制了污染场地的投资开发等问题。此外，土壤污染治理中州和当地社区参与的不充分，也是该法案存在的一个重要问题。针对该法案存在的问题和经济社会发展中出现的新的环境问题，美国又陆续出台了一些修正和补充法案。1986 年，美国国会通过的《超级基金增补和再授权法案》，对《超级基金法》做了重要补充，主要就政府所有的土地或设施的环境污染治理适用《超级基金法》的问题做了说明。1992 年的《公众环境应对促进法》对《超级基金法》的补充主要是公众在应对土壤污染事故时的义务和举措，鼓励公众积极参与土壤污染的预防与治理。1996 年《财产保存、贷方责任及抵押保险保护法》则放宽了债权人和受托人的免责范围。1993～2002 年，美国陆续出台了有关棕地治理的计划、行动和法规等。1996 年，由美国各州发起的《志愿清洁计划》对清洁标准进行了制定，对棕地的清洁工作起到了监督作用。1997 年的《纳税人减税法》在进一步阐明污染责任人和非责任人界限的同时，以税收优惠来吸引和刺激私人资本对棕色地块的清洁和治理。2000 年，美国环保局出台的《棕色地块经济振兴遍地计划》，综合了 1995～1997 年的合作行动议程，并授权各州、社区和其他买下棕色地块的土地所有者协同工作。2002 年布什总统签署的《小规模企业责任减轻与棕地振兴法》对《超级基金法》法律责任等章节进行了修改，同时对棕地的治理举措进行了重新界定，在推动实现土壤污染风险管理和棕地再开发两个目标方面取得了显著进步。

除直接从土壤污染方面制定相关法律法规外，美国还从化学品及有毒物质控制、水污染防治和控制、水源地保护和农药、废气污染物控制等方面制定了一系列法律法规。1947 年的《联邦杀虫剂、杀菌剂和灭鼠剂法》（简称《联邦农药法》）和 1976 年的《有毒物质控制法》是为控制化学品和农药的生产、流通和使用而制定的。1974 年美国国会通过的《安全饮用水法》对水资源管理和保护进行了相关规定，并允许美国环保局对公共饮用水的质量进行监管。该法先后于 1986 年和 1996 年进行了修改。1977 年的《清洁空气法（修正案）》的签署则对废气污染物的排放方面进行了相关规定。此外，关于土壤污染的治理和管理，美国还制定了有关土壤评价、清理、修复等方法、计划指南、技术策略以及案例研究等。这些立法、计划指南的制定和出台标志着美国土壤污染防治法律体系的建立和相关政策的日趋完善。美国土壤（污染场地）污染防治相关的计划、指南及技术方法如表 11 - 2 所示。

表 11 - 2　美国土壤（污染场地）污染防治相关的计划、指南及技术方法

年份	制定者	名称
1977	美国国会	《社区再投资法案》
1986	美国国会	《紧急情况规划和社区知情权利法案》
1988	美国环保局	《超级基金场地污染地下水修复行动指南》
1992	美国环保局	《在全面性环境应变补偿及责任法下实施场地调查指南》

年份	制定者	名称
1992	美国环保局	《土壤取样草案初稿——取样技术与策略》
1995	美国材料与试验协会（ASTM）	《石油泄漏场地基于风险的纠正行动标准导则》《建立污染场地概念暴露模型的标准导则》
1996	美国环保局	《固体废弃物评价测试方法（SW846）》
1996	美国环保局	《基于污染土壤健康风险评估方法确定土壤筛选值的技术导则》
1998	美国环保局	《美国超级基金场地案例》（台湾总结）
2000	美国环保局	《废弃矿山遗址表征和清理手册》
2000	南加州卫生和环境控制部门（DHEC）	《地下水和土壤评价指南中的分析方法》
2001	美国国家应急队	《危险物质应急规划指南》
2001	美国环保局	《基于健康风险评估确定住宅、商业和工业等用地方式下土壤筛选值的技术方法》
2002	布什政府	《棕地复兴法案》
2003	美国环保局	《污染场地的重大伤害风险和汇报责任指南》
2004	美国农业部（USDA）	《土壤调查实验室方法手册》
2006	美国环保局	《系统计划:危险废弃物场地调查案例研究》
2006	美国环保局	《地下水规定》
2009	美国总统	《恢复和再投资法案》
2009	美国环保局	《修订的超级基金处罚矩阵》
2009	美国环保局	《超级基金法司法调解和行政调解模式的过渡性修改》
2009	美国环保局	《石棉场地的评估保护:综合5年回顾指南的补充导则》
2010	美国环保局	《污染场地制度的计划、实施、维护和执行指南》
2012	美国环保局	《蒸汽入侵场地的评估保护:综合5年回顾指南的补充导则》
2012	美国环保局	《污染场地制度控制实现和保证规划准备指南》
2012	美国环保局	《污染场地规划、实施、维护和执行制度控制指南》
2015	美国环保局	《小企业资源信息表》

资料来源: 主要根据美国环保局官网检索整理。

（二） 建立有效的风险交流机制

根据美国国家科学院的定义，风险交流是利益相关者之间交换信息和看法的相互作用的过程。风险交流过程不仅涉及风险性质及其他相关信息，还包括沟通双方的意见和反馈。从风险管理的角度来看，风险交流的目的是帮助受影响的公众了解风险评估的过程和管理，对可能的危害形成科学有效的感知并参与到风险管理的决策中，其是风险管理的重要环节，贯穿整个风险管理的过程。

在土壤污染风险交流方面，由于当地居民是政府监管污染场地的一个重要资源，其不仅掌握大量污染场地的信息，而且更加关切污染场地的未来开发与发展，美国各政府部门也制定了一系列与污染场地相关的风险交流政策和计划。在超级基金项目中，公众参与和风险交流基本是同义的。《超级基金法》规定，公众参与是场地清理的一个重要部分，该法由《国家石油和有害物质污染应急计划》（NCP）贯彻执行，要求整个超级基金过程的每一个环节都需进行特定的社区参与活动。1982年《国家石油和有害物质污染应急计划（修正案）》重申了在超级基金项目过程中的公众参与方式。自1982年对《国家石油和有害物质污染应急计划》修订后的几十年里，美国环保局不断地认识到在超级基金项目场地清理行动中倾听公众意见和公众参与的重要性。1986年《超级基金法（修正案）》中强调了公众参与在超级基金项目中的地位。2013年和2015年的《国家石油和有害物质污染应急计划（修正案）》则进一步扩大了公众参与的力度。

美国环保局及相关机构制定的相关政策、规定和指南对超级基金项目清理行动每一环节的社区参与活动做出总结，并指导场地工作人员和其他利益相关者间的协调，为逐步改善场地公众参与的渠道和方式提出相应建议，以确保社区成员参与到场地清理行动之中。

在超级基金项目中，主要的参与者有美国环保局，潜在的责任方，联邦、州/部落或地方政府以及社区成员。美国环保局主导或监督超级基金项目的污染场地的清理行动，协调各方利益相关者。但美国环保局不主导联邦设施场地的修复，仅参与这部分场地的管理，监督其他联邦机构的社区参与活动，以确保其社区参与活动符合美国联邦政府的指导意见。潜在的责任方是指产生、运输危险物质或场地的拥有者和经营者，其负责执行清理调查、清理活动或支付清理费用。州和地方政府目前已参与到整个超级基金项目的每一环节中，在美国环保局的允许下，可以使用超级基金中的资金改进其在清理过程中的技术和管理模式。社区成员也参与超级基金项目的每一环节，协助美国环保局进行污染场地信息的搜集。在整个超级基金项目过程中，社区参与协调员即风险交流者和社区成员是直接的风险交流双方，协调员负责发布及时、连续和更新的信息，鼓励社区成员参与超级基金项目，倾听社区成员的需求并解决其担忧，使社区成员参与到清理行动计划之中，并向其解释美国环保局已做的工作及原因；社区成员则可以通过参与公众集会、在恰当的情况下评议污染场地的政策文件、参加信息会议、参与或组建社会咨询小组、与工作人员交流等方式进行风险交流。

在风险交流方式上，除了通过信息材料（如超级基金清理行动中涉及的信息库和行政记录）、与新闻媒体的合作（如在联邦公报和当地报纸上发布通知）等方式得以实现，还可借助于技术辅助工具发布信息，如场地的工作人员可以使用推特（Twitter）账号和短信，为居住在场地附近的社区居民提供场地信息的定期更新。

（三）应用成熟、分类的污染场地风险防控技术

目前，美国针对污染场地开展的风险管理行动主要有两大类型：第一类是清除（Removal），从环境中直接清除泄漏的危险物质；第二类是修复/救济（Remedial），对列入国家优先治理污染场地顺序名单中的场地和设施开展修复/救济活动，旨在防止和减轻危险物质进一步进入环境，以保护人的健康和生态环境不受危害。就美国污染场地风险控制技术应用实践来看，主要包括修复技术、风险工程控制技术、自然衰减技术、制度控制技术等措施。

从污染场地风险防范和风险管理的角度来看，修复技术和风险工程控制技术分别针对不同的污染场地风险控制与管理策略，前者是通过降低污染物浓度来降低风险，修复完成后可根据修复目标进行相应的开发活动；后者是通过切断污染物迁移途径来降低风险，相对而言风险工程控制技术比污染修复技术更为有效和适用，成本较低，但需要长期的跟踪监测，处理后不能扰动污染土壤或破坏现有工程控制措施。此外，美国环保局还通过污染场地的表征和监测技术、废物及清除的纳米技术等创新项目来评估与应对土壤污染风险，并为创新技术的开发提供资金支持。

（四）规定明确的资金筹集和管理方式

单纯依靠市场机制或者政府行为去解决一些涉及不同地区和不同领域的复杂的环境污染风险管理问题，并不能取得满意的效果。目前美国

已在土壤污染赔偿和治理资金的筹集和管理中建立了一种有效的资源筹集和管理方式，资金主要来源有专门税收、财政拨款、基金利息、回收基金和罚款、融资、政府资金等。如美国《超级基金法》规定的资金来源包括国内生产石油和进口石油产品税、化学品原料税和环境税。除了联邦财政拨款，美国超级基金中还有部分来自回收资金和罚款，且所占的比例越来越高。《超级基金法》规定（责任认定）：

①污染付费原则，即谁污染谁治理。政府根据《超级基金法》有权要求造成污染事故的责任方进行土壤污染治理，或者支付土壤污染治理的费用。拒绝支付费用者，政府可以要求其支付应付费用3倍以内的罚款。

②受污染土壤的治理费用由发生危险物质泄漏的设施的所有者或营运人，或该设施所处土地的所有者或营运人承担。

③在无法使上述主体支付费用的情况下，治理费用由危险物质信托基金（超级基金）承担。

④治理费用的承担者对治理费用负有连带责任。

（五）建立多样化的土壤污染风险保险制度

美国针对土壤污染风险而设立的保险最早出现于20世纪80年代，其以土壤污染的固有风险与各州的法律法规为立足点，用以防范土壤污染所带来的固有风险和法律风险。美国的土壤污染责任保险是随环境污染责任保险的开发而发展起来的。美国的环境污染责任保险（又称污染法律责任保险）主要分为环境损害责任保险和自有场地治理责任保险。前者承保被保险人因其破坏环境造成邻近土地上任何第三方的人身或财产损害而应当承担的赔偿责任；后者承保被保险人因污染或使用的场地而依法应当支出的治理费用。美国的环境污染责任保险具有以下特点：①建立了完善的环境立法和自愿与强制相结合的保险制度；②美国的保险人除了将故意的污染视为除外责任之外，还对环境保单的承保范围做出了严格规定；③建立了一批专业性的责任保险公司；④规定了环境污染的连带责任；⑤形成了环境污染损害赔偿基金制度。

土壤污染风险保险作为一种对环境风险所设立的保险，具体针对的是因土壤污染造成的人身、财产损害以及土壤污染损害风险。当前美国土壤污染保险的险种呈多样化发展，总的来看，主要包括独立保险和有限混合保险两大类。具体包括保险公司提供的新污染发现保险、身体伤害责任险、第三方土壤治理赔偿责任保险、治理费用超支保险、承包商污染赔偿保险、环境监测人专业保险、有限责任保险、融资机构污染赔偿保险、污染治理后期管理保险等。保险受益人主要涉及土地所有人、土壤污染调查企业、土壤污染治理企业、承包商、融资机构、土地开发商以及土地开发投资者等。

美国的棕地治理环境责任保险属于任意险，其作为《超级基金法》的补充，为棕地治理中的潜在责任人避免环境责任风险提供了保险。由于棕地治理项目本身具有独特性及治理手段和面临的环境风险不同，该保险不像一般的环境责任保险一样采用标准的格式，而是采用"非格式化"的保险单，保险范围完全由保险合同当事人协商决定，甚至不受州政府监管机构的限制。棕地治理环境风险的不确定性比较显著，导致环境风险的长期性和保险时效的有限性间的矛盾比较突出。为了降低保险公司在棕地治理中承担的风险，美国保险业监管部门同意在作为任意险的棕地治理责任险上适用强制责任险的保险时效制度，即可由保险人和投保人根据棕地污染程度、治理技术以及治理后的使用方式等约定污染事故的时效。

目前美国保险市场上棕地治理环境保险产品类型已经达 20 余种，包括针对棕地开发商的固定棕地污染责任保险、针对棕地治理机构和人员的职业责任险以及作为补充的错误和遗漏险、用于保护具体从事棕地治理工作或操作人员的雇主责任险、针对棕地治理成本预算超支的成本上限险、基于州政府清理标准和治理基准调整的监管政策险等。

四　我国土壤污染风险管理现状

我国 2018 年 8 月通过的《土壤污染防治法》已于 2019 年 1 月 1 日起实施，其中明确了企业防止土壤受到污染的主体责任，强化了污染者的治理责任，明确了政府和相关部门的监管责任，建立了农用地分类管理和建设用地准入管理制度，加大了环境违法行为处罚力度，填补了我国土壤污染防治法律的空白，为扎实推进"净土保卫战"提供了坚实有力的法治保障。此外，国家层面已先后出台了《污染地块土壤环境管理办法（试行）》《农用地土壤环境管理办法（试行）》《工矿用地土壤环境管理办法（试行）》等部门规章，还颁布了《土壤环境质量 农用地土壤污染风险管控标准（试行）》《土壤环境质量 建设用地土壤污染风险管控标准（试行）》，其中设立了土壤污染风险筛选值和管制值，突出了风险管控的思路，还发布了一系列技术规范，基本建立了法规标准框架体系。当前，我国土壤污染风险管理还面临如下问题。

一是土壤污染状况总体不容乐观、风险防范压力巨大。我国面临着部分地区土壤污染较重、耕地土壤环境质量堪忧、工矿业废弃地土壤环境问题突出的严峻局面。

二是土壤环境质量底数不清。目前，全国土壤污染状况详查工作仍在进行中，农用地土壤污染状况详查进入收官阶段，重点行业企业用地情况仍待进一步推进，这加大了土壤污染风险管理的难度。

三是地方层面土壤环境监管基础薄弱。同美国相比，我国地方层面的土壤环境监管能力较为薄弱，特别到区、县及以下层面，能力支撑还远远不足，很难达成相关的土壤污染风险管控目标。加之土壤环境监管较之水、空气复杂性更强，需要的专业知识要求更高，当前地方层面的人员储备、硬件设施和综合实力都亟待提高。

四是土壤污染治理科技支撑能力不够。国内很多土壤修复技术仍停留在实验室模拟研究阶段，缺乏具体的实践经验，加之我国土壤类型多样、空间差异性大，不同土壤修复技术或风险控制技术的适用性亟待通过试点实践来验证、推广，很难在短时间内发挥有力的支撑作用。

此外，我国还存在土壤污染防治专项资金管理亟待细化、土壤污染风险保险制度仍需探索等问题。

五 对我国的建议

（一）加快落实《土壤污染防治法》，确保《固体废物污染环境防治法》等相关法律体现土壤污染风险防范理念

建议进一步加快《土壤污染防治法》的落实，在污染治理的同时，

重点突出源头预防与风险管控，将土壤污染风险防范理念纳入相关法律法规政策的制定中，推动形成较为完备的土壤污染风险管理体系。特别是重视危废管理、农用化学品使用等源头控制手段，确保正在修订的《固体废物污染环境防治法》等法律体现土壤污染风险防范理念，如法律中应明确强调储存、运输危险废物时，必须采取防止污染环境的措施，否则将接受一定的惩罚等。

（二）加强中央对地方的科学指导，健全土壤污染风险交流制度

建议加强中央生态环境部门对地方生态环境部门的科学指导，督促地方政府履行土壤污染防治和安全利用方面的监管责任，促进地方层面土壤污染风险管理能力的提升；建立土壤污染风险信息公开制度和共享系统，进一步明确土壤污染风险信息公开主体、公开范围、公开渠道，并通过制度建设、优化参与途径等方式激励公众参与到土壤污染风险管理中，形成土壤污染风险预警机制及风险交流制度。

（三）根据土壤修复目标推动技术试点示范，鼓励创新技术的开发

建议针对全国不同类型的土壤开展污染防治技术试点示范，主要根据土壤特定用途或未来可能的用途确定合理的修复目标，根据修复目标探索适合全国不同区域、不同类型土壤的最佳可行性技术，形成土壤污染综合防治模式与技术体系。同时，国家、地方政府层面应设立专门的

技术研发项目资金，鼓励科研机构、环保企业等积极申请，推进创新技术的开发与应用，缓解现有技术支撑不足的现状。

（四）充分利用土壤污染防治专项资金，做好土壤污染风险管控

土壤污染风险管控已被纳入土壤污染防治专项资金的重点支持范围，建议各地方政府、相关部门严格按照《土壤污染防治专项资金管理办法》的要求，充分利用专项资金，做好风险管控工作，提高资金使用效益。同时，财政部门和生态环境部门要做好相关项目的实施监管，定期开展专项资金的绩效评价。此外，应开展相关的项目储备库建设，按照"轻重缓急"原则实施动态管理，确保专项资金优先用于土壤污染风险大、潜在影响大的项目。

（五）建立灵活性、多样化的土壤污染风险保险制度

建议探索建立自愿与强制相结合的土壤污染风险保险制度，要求可能产生污染的企业强制购买环境责任保险，通过评估可能发生的土壤污染核算保险费用；保险类型应具有多样性，供投保人根据自身情况灵活选择。此外，考虑建立一批专业性的土壤污染风险责任保险公司，承担土壤污染修复与治理费用，缓解土壤污染风险管理压力。

第十二章　美国危险废物监管经验及对我国的启示

提　要： 近来我国多地发生危险废物非法倾倒事件，暴露出危险废物监管中的相关问题。美国也发生过类似事件，其随后建立了危险废物管理法律制度和监管体系，并取得良好效果，这对我国有重要的借鉴意义。美国危险废物监管经验主要包括：实施危险废物产生者主体责任制度和连带责任制度，确保全过程监管；实施危险废物分类管理，鼓励危险废物回收利用；实施梯度环境违法处罚机制，充分体现"违法成本高"的原则；由美国环保局牵头，建立多部门、跨区域的监管协调机制，实施多样化的守法保障措施；充分使用信息公开手段。目前，我国对危险废物管理的主要制度和要求与美国的管理规定相似，但在具体制度的落实效果、法律要求的可操作性、监管手段的有效性上还有待提高，主要存在以下问题：对产废单位的主体责任规定太过原则；对危险废物信息及数据的掌握不够；对危险废物产生单位没有制定和实施分类管理制度；对违法行为的处罚力度较轻；危险废物利用处置能力不足；危险废物信息公开不够。建议借鉴美国经验：进一步明确及细化产废单位的主体责任；建立全国危险废物信息数据库；建立危险废物及产废单位分类管理制度；加大对非法处置危险废物违法人员的处罚力度；配套使用经济激励、公众监督、法律宣贯等保障措施；加快建立危险废物信息公开制度。

近年来，广西藤县①、河南淇河河道②、安徽长江沿岸③等多地发生危险废物跨省非法转移及倾倒事件，反映出我国危险废物监管制度中的问题，进一步完善危险废物监管制度已迫在眉睫。美国也曾发生过类似事件，其管理和处理方式，值得我们借鉴。

一 美国危险废物监管历程

美国自 20 世纪中叶以来，由于固体废物产生量不断增加、国内处置能力下降、处置成本提升以及公众对新建处置设施不断反对，固体废物管理

---

① 从 2018 年 2 月底开始，不法分子从广东省江门市偷运含镍的危险物品到藤县陶瓷园区进行倾倒，涉案危险废物约 800 吨。
② 2018 年 1 月，河南省南阳市淇河河道内发生危险废物异地非法倾倒事件，涉案危险废物共计约 31 吨。
③ 2017 年长江"10·12"重大污染环境事件，在该事件中公安部门在安徽省内长江水域查获非法倾倒危险废物 62.88 吨。

问题逐渐在各个区域引发高度关注。在此背景下，美国国会于 1965 年通过了《固体废物处置法》，制定了对各种来源的垃圾进行处置的管理框架。

20 世纪六七十年代，经济的快速发展导致美国境内危险废物产生量激增，美国开始关注危险废物带来的环境与健康风险。据美国环保局估计，1974 年美国危险废物排放量为 1000 万吨，1979 年为 5600 万吨，20 世纪 70 年代末美国境内每年有超过 3000 万吨的危险废物被有意倾倒，其中很多物质含有剧毒。以《固体废物处置法》为基础，1976 年美国《资源保护与恢复法》（RCRA）应运而生。RCRA 的立法目标包括：保护人类健康和环境免受废物处置所带来的潜在危害，保护能源和自然资源，减少废物产生量，确保以环境友好的方式管理废物。RCRA 第 C 节（Subtitle C）建立了美国危险废物监管框架，以及一套从"摇篮到坟墓"的全过程管理体系。重要的是，与此前环境法案更多关注末端治理不同，RCRA 致力于建立可以有效预防污染的监管体系。1976 年的 RCRA 没有设置危险废物处置标准，而是授权美国环保局对其进行规定。但是危险废物管理问题复杂，美国环保局没有完成国会命令并因此受到指责。美国国会分别于 1978 年、1980 年、1984 年对 RCRA 进行了修正，尤其是 1984 年的修正案，被称为《危险和固体废物修正案》（HSWA），其极大地拓展了 RCRA 的管控范围，提高了管控标准。

RCRA 是预防性的法律，通过对危险废物产生者、运输者、处理处置者提出明确的法律规定，最大限度减少危险废物污染环境的可能性。但是RCRA 没有对危险废物非法处置所造成的场地污染以及历史遗留的危险废物污染场地的修复做出规定。美国当时包括危险废物在内的固体废物污染集中分布在低收入及有色人种等弱势群体社区。数据显示，1969～1990 年，在弗吉尼亚国王和王后县建造的垃圾填埋场大都位于非裔美国人居多的社区。

在休斯敦地区，82% 的废弃物设施分布于黑人社区。这些危险废物带来的严重污染以及环境风险分布的不公平性，直接催生了美国早期环境正义运动①的爆发。底层民众不断反对附加给他们的不公平的环境风险，力争环境权益平等。但这种斗争一直处于分散状态，没有引起全国性关注。

20 世纪 70 年代后期的拉夫运河事件②让美国政府注意到危险废物场所对社会的巨大影响，促使其对常见危险废物场地进行统计，并采取各项措施保护受到危险废物危害的居民。1979 年，美国环保局估算出在美国有 32000 ~ 50000 个危险废物场所。大量的危险废物场所污染事件的发生促使美国国会在 1980 年颁布了《综合性环境反应、赔偿与责任法》（CERCLA，也称《超级基金法》）。CERCLA 是追溯性的法律，侧重于在已经产生危险废物泄漏或在泄漏威胁的情况下，潜在责任主体如何进行清理或修复危险废物污染场地。CERCLA 颁布实施之后，美国

---

① 美国环保局将环境正义定义为"在环境法律、法规和政策的制定、适用和执行方面，全体人民，不论其种族、民族、收入、原始国籍或教育程度，都应得到公平对待并有效参与"。

② 拉夫运河（Love Canal）位于美国加州，是一条废弃的运河。1942 年，美国一家电化学公司购买了拉夫运河，并在此后的 11 年间将其当作垃圾仓库倾倒了超过 2 万吨的工业有毒废弃物。1953 年，拉夫运河被该公司填埋覆盖好后转赠给当地的教育机构。此后，纽约市政府在该处陆续开发了房地产及学校。从 1977 年开始，孕妇流产、儿童夭折、婴儿畸形、癫痫、直肠出血等病症频频在此处发生。1987 年，此处地面开始渗出含有多种有毒物质的黑色液体。拉夫运河事件激起了当地居民的强烈愤慨，引发了抗议运动，还直接促使一个名为清除居室危险废物的公民团体的成立。该团体旨在积极促进基层社区在对抗环境污染事件上进行协作和联合斗争。拉夫运河事件引起了美国政府的高度重视，时任总统卡特宣布该地区为灾区，拨出专款用来疏散和安置相关居民。拉夫运河事件激起了美国基层民众的风险意识，推动了基层环保组织的发展，为环境正义运动奠定了群众和组织基础。更重要的是，拉夫运河事件让美国政府注意到危险废物场所对社会的巨大影响，促使其研究制定解决危险废物场所污染风险的专项法律。

国会多次进行修订，主要阐明污染场地清理权责的适用范围，完善污染场地的责任机制的公平性，对一些特定情况提出应对条款。

与大气及水污染物监管历史相比，美国对危险废物的监管起步较晚，在20世纪七八十年代才在危险废物产生量激增以及环境正义运动的推动下，开始以立法的形式对危险废物进行管控。

二　美国危险废物监管体系总体情况

（一）危险废物定义及范围

RCRA将危险废物定义为：其数量、浓度或物理、化学特性或传染性，能够产生或明显导致死亡率上升、严重不可逆转疾病的增长，或因处理、贮存、运输、处置不当而造成大量即时性或潜在性人体健康或环境危害的某一固体废物或者固体废物的混合物。也就是说，危险废物是在一定条件下给人类健康或环境造成威胁的、被丢弃的有毒或危险物质，例如一桶废弃的有毒物质可以被认定为危险废物，或者本质上不是有毒的，但具有腐蚀性、易起化学反应或可燃的废物也被视为危险废物。

根据危险废物产生来源和风险程度，美国将危险废物分为特殊性废物、普遍性废物、混合废物和名录废物4类。目前名录共收录了大约520个危险废物编号的上千种危险废物。

（二）危险废物监管的法律框架

美国对危险废物实施"从摇篮到坟墓"的监管，对从产生、运输，到贮存、利用、处理，再到最终处置、清理的各个环节的参与主体都提出了明确的监管要求，形成了以RCRA和CERCLA两部法律为基础、多部法律实施配套措施为支撑的框架（见表12-1）。

表12-1 美国危险废物监管法律框架

危险废物产生至处置环节		危险废物清理环节	
1976年	《资源保护与恢复法》(RCRA) 立法目标包括：保护人类健康和环境免受废物处置所带来的潜在危害，保护能源和自然资源，减少废物产生量，确保以环境友好的方式管理废物。系统性建立美国危险废物监管框架，以及一套从"摇篮到坟墓"的全过程管理体系，致力于建立可以有效预防污染的监管体系	1980年	《综合性环境反应、赔偿和责任法》(CERCLA) 授权联邦政府清理污染场地，并追诉"潜在责任方"的财务责任。立法目标包括：一是积极救助危险废物污染场所，恢复到该场所原来的水平，减少危险废物及其污染场所对人体健康、环境和自然资源的损害；二是追究污染者责任，即污染者付费。潜在责任人在从事生产、配置、流通和消费产品的过程中，产生了危险废物泄漏或者泄漏危险时，就要承担清理或者救助的责任，并承担相关费用
1984年	《危险和固体废物修正案》(HSWA) 其极大拓展了RCRA的管控范围以及提高了管控标准，如设置了许多与处理、贮存及处置设施(TSDFs)相关的条款。规定TSDFs需要获得RCRA规定的许可证才能维持运行；规定了对危险废物处置不当的犯罪行为，包括没有联单而运输废物、联单中遗漏相关信息、违反规定以及未按要求报告和申请的故意行为等	1986年	《超级基金增补与再授权法》(SARA) 强调永久性修复措施和创新技术，综合了州和联邦其他环境法律法规的标准和要求，开发执法与结算工具，增加超级基金计划每个阶段的政府参与，增加危险废物场地对人体健康影响的关注，鼓励公民参与场地清理决策建议，增加85亿美元注入超级基金

危险废物产生至处置环节		危险废物清理环节	
1992 年	**《联邦设施合规法》** 明确联邦政府也是法治社会的一部分，联邦政府设施也要遵循法律法规的执法要求，包括罚款和违约金	1996 年	**《资产保护、债权人责任和保证金保险保护法》** 阐明了债权人的责任范围，并为受托人及其他被信托人提供新的保护
1996 年	**《陆地处置计划弹性法》** 对 RCRA 中陆地处理限制程序和非危险废物填埋场的地下水监测计划进行了修改	2002 年	**《小规模企业责任减免和棕色地块振兴法》** 对重建被污染的地方或棕色地块的投资者提供特殊保护；对毗邻受污染场地的土地所有者建立新的保护，扩大了对极小数量危险物质产生者的豁免权

（三）危险废物监管机构与其职责

美国环保局是在联邦层面负责实施 RCRA 的机构，具体由土壤与应急响应办公室（Office of Land and Emergency Management，OLEM）负责。美国环保局根据 RCRA 授权制定配套的环境政策和实施细则，授权各州在州层面实施其规定，并对各州的环境政策法律执行情况进行监督。美国各州在这些联邦法律框架下可制定本州相应的环保法律法规，各项要求应不低于联邦法律的规定。

此外，美国涉及危险废物监管的机构还包括监管危险废物陆地运输的交通部、监管危险废物水路运输的国土安全部海岸警卫队等。各机构主要职责如表 12-2 所示。

表 12 - 2　美国危险废物管理涉及的主要联邦和州政府机构及其职责

	机构	职责
联邦层面	美国环保局	负责危险废物全过程监管以及对州的执法行动进行监督
	美国交通部	交通部是危险废物陆地运输的监管主体。美国环保局和交通部联合制定了适用于"危险废物运输者"的标准,其制定的《危险物品运输法》是监管"危险物品"运输的最重要的联邦法律
	美国国土安全部下属的海岸警卫队	美国海岸警卫队是危险废物水路运输的监管主体。任何一名海岸警卫队的执法人员可在任何时间和任何地点,在美国的司法管辖范围内,对任何装运危险材料的船只进行检查
州层面	州环境执法部门	一部分是由联邦授予的执法权力,另一部分则是州自身的权力

（四）危险废物全生命周期监管流程

RCRA 和 CERCLA 对危险废物"从摇篮到坟墓"的全过程中的各个相关方均设定了重大责任,要求危险废物产生者对其产生的危险废物负有全过程的主体责任,并建立了从产生、运输到处理、贮存及处置设施的一套联单制度,对危险废物进行有效追踪。在全过程中,不论责任主体是否采取了防御措施,只要危险废物被释放到环境中,都有相应规定要对其进行处罚和要求其清理污染。美国国内监管流程如图 12 -1 所示。

美国法律对危险废物的全过程管理也包括了危险废物的进出口管

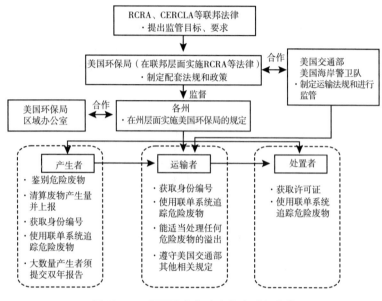

图 12 - 1　美国国内危险废物全过程监管

理。任何危险废物的进口商（被视为危险废物的产生者）和出口商均需遵守一系列监管要求。①

三　美国危险废物监管经验

美国也曾发生过大量危险废物非法转移及倾倒事件。经过 40 多年

---

① 进口商需遵守的要求：（1）必须在危险废物计划离开出口国 60 天前向美国环保局提交申请；（2）获得美国环保局的书面同意；（3）向美国环保局提交废物的运输联单、合同等；（4）货物运输需符合 RCRA 标准。出口商需遵守的要求：（1）必须在危险废物计划离开美国 60 天前向美国环保局提交申请；（2）接收国政府同意接收此批危险废物；（3）获得接收国主管部门的书面同意；（4）向美国环保局提交废物的运输联单、合同等；（5）货物运输符合接收国政府同意的标准。

的实践，逐步建立了比较完备的危险废物监管体系，积累了丰富的监管经验，值得我国借鉴。

（一）实施危险废物产生者主体责任制度和连带责任制度，确保全过程监管

RCRA 确定了危险废物产生者主体责任原则。美国环保局依据该原则对危险废物产生者提出了一系列的监管要求，包括对危险废物的鉴别、收集、标识、记录和报告，以及从产生到最终处置的全过程跟踪。这些监管要求具体体现在《美国联邦法规》第 40 篇第 262 部分，主要有六个方面：①按相关要求完成危险废物运输前的准备工作[①]；②鉴别所产废物是不是危险废物[②]；③通知美国环保局在产生此类危险废物，并获得识别号码[③]；④在处理和运输之前，对危险废物进行恰当地存储和贴标签[④]；⑤保持记录并定期报告[⑤]；⑥建立将危险废物减为最低限度的方案，促进产生者减少危险废物的数量、降低危险性[⑥]。

除了侧重预防的 RCRA 规定了危险废物产生者的主体责任外，侧重危险废物污染场地治理的 CERCLA 也对危险废物产生者在污染场地治理方面的责任进行了规定。CERCLA 的第 107（a）条规定了承担危险

---

① 《美国联邦法规》262.20（a），262.42（b）。
② 《美国联邦法规》261.10，262.13。
③ 《资源保护与恢复法》3010（a），《美国联邦法规》262.12。
④ 《美国联邦法规》262.30~262.33。
⑤ 《美国联邦法规》262.40~262.44。
⑥ 《资源保护与恢复法》3002（b）。

废物污染治理费用的 4 种潜在责任主体①。其中第三种潜在责任主体（对危险废物的处置、处理做出安排的人）被具体描述为：对他们"拥有或控制的"危险物质，通过合同、协议或其他方式安排处置或处理，或者与运输者达成协议安排处置或处理的主体。这其中最常见的一类责任主体就是危险废物产生者。当产生者委托运输者运送其产生的危险废物时，或产生者委托某处理处置设施来处置危险废物时，就获得了作为安排者的潜在责任主体身份。

CERCLA 确立了多重归责原则，包括严格责任、连带责任和追溯责任归责原则（Strict，Joint and Several，and Retroactive Liability）。①严格责任，又称结果责任，指不论该主体对危险废物泄漏是否存在故意或者重大过失，都应当承担法律责任。②连带责任，是指不管潜在责任主体造成污染的程度有多大，美国环保局都可以要求其中任何一个或多个潜在责任主体承担整个场地的治理费用。该责任主体在收到要求其支付治理场地全部费用的通知后，不得推迟或者拒绝支付费用。连带责任是一种无限责任，不会因为潜在责任主体的组织机构是有限责任形式而受限，即使其无力承担治理费用，对其控股的机构或投资者均可以成为承担责任的主体。因此，连带责任归责原则已成为美国环保局获取治理费用的有力武器，被广泛称为"荷包做法"，即其有权向最具有经济实力的潜在责任主体追究责任。与连带责任同时存在的是责任分担权，

---

① 四种潜在责任主体包括：（1）泄漏危险废物或有泄漏危险的设施的所有者或营运者；（2）在危险废物处置期间，处理设施的所有者或营运者；（3）对危险废物的处置、处理做出安排的人；（4）选择该危险废物处理场或设施的运输者。一般情况下，当无法找到潜在责任主体时美国环保局才从超级基金中支付清理费用。

即任何一个承担了全部治理费用的潜在责任主体都有权向其他潜在责任主体进行追偿，要求其分担费用。（3）追溯责任，是指潜在责任主体对该法案通过之前的生产经营活动中产生或管理危险废物的行为负有责任。

上述三种责任对危险废物产生者提出了严格的要求，产生者不能通过与运输者、处置者签订合同或协议的方式免责，而必须对其产生的危险废物进行全过程监管。专栏12－1介绍了一起涉及危险废物产生者主体责任的案件。

专栏12－1　危险废物产生者主体责任案件（D. R. I. 1988）

被告化学品生产商 O'Neil 公司委托运输者把其产生的危险废物运送到宾夕法尼亚州和新泽西州有资质的处置场地。但是在 O'Neil 公司不知情的状况下，运输者把部分危险废物违规存放在了罗得岛州的 Picillos 养猪场。环保执法人员发现，该养猪场内有大量的颜色各异、刺鼻的液体废物，严重破坏了养猪场周围的生态环境。根据 CERCLA 规定，O'Neil 公司作为危险废物产生者，对该案件负有责任。最终 O'Neil 公司与其他4家责任主体一起赔偿了580万美元，用于受污染场地的治理及修复。

资料来源：Environmental Law Reporter, O'Neil v. Picillo, https：//elr. info/sites /default/files/litigation/20. 20115. htm。

（二）实施危险废物分类管理，鼓励危险废物回收利用

美国的危险废物监管工作从风险等级和产生量两个方面体现了分类

管理的理念，具体包括以下三种形式。

1. 对危险废物按风险等级进行分类管理

危险废物种类繁多、性质复杂，处置方式也各有不同。对于不同的危险废物采用相同程度的管理方式是不科学的。美国环保局通过评估，为每种列入名录的危险废物分配了一个风险代码，代表对人类健康与环境危害的风险等级，具体包括可燃性（I）、腐蚀性（C）、反应性（R）、毒性特性（E）、急性危险性（H）和有毒（T）6 个风险等级，对不同风险等级的危险废物执行不同的管理要求。如急性危险废物（H）是指含有低剂量致死物质的废物，因为量小危害性大，美国环保局对其进行严格管理。

美国对危险废物进行分类管理，对危害性质特别严重的危险废物实施严格控制，对相对来说危害性较小的危险废物则适当放松管理的尺度，这样可以有效实现资源配置的最大化，提高监管效率。

2. 对危险废物产生者按产生量进行分类管理

基于一个日历月内产生的危险废物数量，美国环保局将危险废物产生者分为三种类别：极小数量产生者，小数量产生者和大数量产生者。对于不同类别的产生者，美国环保局根据法律要求制定了不同的管理规定（见表 12 – 3）。

美国对危险废物产生者进行分类管理，可以推动企业从生产源头减少危险废物的产生，同时也可以将有限的行政资源聚焦于重点企业，提高监管效率。

3. 对危险废物回收利用活动按风险等级进行分类管理

美国环保局对基于 RCRA 进行的危险废物回收利用活动依据其对人

类健康和环境的危害程度采取不同程度的管制措施。对于可能产生重大风险的回收利用活动，实施和危险废物处理、贮存、处置同样严格的管理标准。对于可以有效进行安全管理的危险废物回收利用活动则可放松管制。例如，针对电池、水银恒温器、部分杀虫剂等一般性危险废物，为鼓励回收利用，美国环保局对其采取了较宽松的管制措施。一是其处理者和运输者可以将其累积 1 年，获得了充足的时间来收集这些废物，使回收利用活动更具经济可行性。二是为简化程序，一般性危险废物的运输者可以在运输过程中不使用转运联单。

表 12 - 3　美国环保局对各个类别危险废物产生者的主要管理要求

管理要求	极小数量产生者（一个日历月内产生少于100千克的危险废物，或者每月产生少于1千克的极危险废物）	小数量产生者（一个日历月内产生多于100千克少于1000千克的危险废物）	大数量产生者（一个日历月内产生多于1000千克的危险废物，或者每月产生多于1千克的极危险废物）
获得美国环保局身份编号①	不要求	需要获得身份编号	需要获得身份编号
无许可情况下，现场可积累的危险废物量	不超过1000千克的危险废物，或不超过1千克的极危险废物	不超过6000千克的危险废物	无限制

---

① RCRA 要求大数量和小数量产生者获取身份编号。身份编号是美国环保局用来监管产生者的编码，需填写美国环保局特定的表格进行申请。产生者将填好的表格提交给授权州的相关机构，如果该州没有被授权实施 RCRA Subtitle C 则提交给美国环保局区域办公室。表格中包括的信息有：机构的名字和地址、联系方式、场地内开展的危险废物活动的描述。极小数量产生者不要求获得身份编号或提交告知表格，但可能有些州有特殊的告知要求。

管理要求	极小数量产生者（一个日历月内产生少于 100 千克的危险废物，或者每月产生少于 1 千克的极危险废物）	小数量产生者（一个日历月内产生多于 100 千克少于 1000 千克的危险废物）	大数量产生者（一个日历月内产生多于 1000 千克的危险废物，或者每月产生多于 1 千克的极危险废物）
积累时间限值	无	不超过 180 天，若需将危险废物运输至 200 英里以外的场地则可积累不超过 270 天	不超过 90 天
积累危险废物所需满足的技术要求	无	需满足在容器、箱、安全壳厂房里管理危险废物的基本技术标准	需满足在容器、箱、安全壳厂房里管理危险废物的全部技术标准
危险废物管理方面的人员培训	不要求	满足基本培训要求	需要对相关人员开展危险废物管理培训，并制定应急程序
应急方案及程序	不要求	需制定基本方案	需制定详细方案
控制危险废物从贮存箱或容器里向大气排放	不要求	不要求	要求
使用联单对危险废物运输进行追踪	不要求	要求	要求
废物减量化	不要求	基于自愿	要求实施相应的项目
在危险废物运输前，对其进行包装和标注	不要求，除非美国交通部或州有要求	要求	要求

续表

管理要求	极小数量产生者 (一个日历月内产生 少于 100 千克的危险 废物,或者每月产生 少于 1 千克的 极危险废物)	小数量产生者 (一个日历月内 产生多于 100 千克 少于 1000 千克 的危险废物)	大数量产生者 (一个日历月内产生 多于 1000 千克的 危险废物,或者每月 产生多于 1 千克的 极危险废物)
双年报告①	不要求	不要求	要求提交
对联单、双年报告、例 外报告进行保存	不要求	除双年报告外均要求 保存	要求

　　资料来源: https: //www. epa. gov/hwgenerators/hazardous - waste - generator - regulatory - summary。

　　在美国,危险废物的回收利用包括从废物中提取有用物质、将废物直接用于工业生产等方式。对于从废物中提取有用物质的回收利用方式,基于被提取危险废物的不同种类以及不同提取过程,美国环保局在综合确定其风险等级后对回收后的物质进行差异化管理。一些回收后的物质,由于风险等级大大降低,将不再被视为危险废物进行监管。对于将危险废物直接用于工业生产的回收利用方式,考虑到这种方式对人类健康和环境的危害程度较低,美国环保局不对其进行特殊管制。但是美国环保局会对此类活动进行评估,用以确保此类活动不是以逃避正规处置为目的,并且确保危险废物得到及时的回收利用。

---

① RCRA 要求大数量产生者就其产生的危险废物种类、数量、处置等情况每两年提交一份报告。报告需包括以下信息:美国环保局颁发的身份编号,生产设施的名称和地址,产生危险废物的种类及数量,危险废物是否被回收、处理、贮存或处置的信息。

此外，美国环保局对一些常见的可回收危险废物制定了特殊标准，以减少企业负担并推动回收利用活动及回收利用产业的发展，例如废油、含贵金属的废物、废金属。

美国对危险废物回收利用的差异化管理模式大大促进了相关产业的发展。有数据显示，1993～2010年，美国危险废物管理服务业劳均产值①增长了75.9%，是美国环境服务业平均劳均产值增长值的近2倍。快速发展的危险废物管理服务业为美国提供了巨大的危险废物回收利用及处置能力，为危险废物全过程管理的最后一个环节提供了强有力的保障。

（三）实施梯度环境违法处罚机制，充分体现"违法成本高"的原则

美国环保局通过民事和刑事相结合的方式，按威慑强度形成了具有梯度的环境违法处罚机制。民事执法是对违法行为尚不构成刑事诉讼案件的执法行为，包括向违法者发出违法通告、要求其恢复到守法状态和做出清理场地的行政命令、对其进行罚款、将案件纳入民事诉讼程序等。如果违法性质恶劣（如故意违法）、后果严重，美国环保局会向法院提起刑事诉讼，法院将对这些违法者实施罚款或监禁处罚。

1. 科学灵活设定经济处罚金额

经济处罚即罚款，是美国危险废物监管各种执法手段中常用的处罚形式，如行政罚款、拖欠行政罚款的民事罚款、刑事处罚中的罚金等。

---

① 劳均产值是该行业产值与从事该行业的劳动力的比值。

美国环境执法设定罚款金额兼具科学性和灵活性，充分体现"违法成本高"的原则，能够威慑违法者，确保受管制者受到公平一致的对待，不使违法者因违法行为取得竞争优势。

美国环保局制定了一套民事罚款核算制度，以确定适当的罚款数额，以环境效益和处罚效果最大化为目标。

罚款总额与基于违法严重程度确定的金额、基于违法持续时间确定的金额、调整金额和抵销违法经济收益金额四部分有关。

基于违法严重程度确定的金额是按照罚款矩阵（见表12-4）来进行核算的。核算过程是基于潜在伤害程度、违规程度这两个维度。不同违法行为确定的罚款金额需要叠加计算。

表12-4　计算"基于违法严重程度确定的金额"的罚款矩阵

单位：美元

		违规程度		
		高	中	低
潜在伤害程度	高	22000～27500	16500～21999	12100～16499
	中	8800～12099	5500～8799	3300～5499
	低	1650～3299	550～1649	110～549

当违法行为的违法持续时间确定后，执法人员就可以按照另外一套罚款矩阵（见表12-5）中确定的基数，再乘以天数（该天数是违法持续天数减去一天）来确定基于违法持续时间确定的金额。

调整金额是由美国环保局参考违法者自觉守法的程度、其违法行为故意或无意的程度、违法历史、支付罚款能力、是否实施了环境修复等一系列情况综合确定的。

表 12 - 5　计算"基于违法持续时间确定的金额"的罚款矩阵

单位：美元

潜在伤害程度		违规程度		
		高	中	低
潜在伤害程度	高	1100 ~ 5500	825 ~ 4400	605 ~ 3300
	中	440 ~ 2420	275 ~ 1760	165 ~ 1100
	低	110 ~ 660	110 ~ 330	110

　　对于违法者经济收益的计算，美国环保局专门编制了一套计算违法收益的工具 BEN 模型，针对各种违法行为确定相应的违法收益规模。专栏 12 - 2 介绍了一起涉及危险废物管理违法案件的罚款计算过程。

专栏 12 - 2　罚款计算案例

　　某公司经营一处危险废物处置设施。1998 年 10 月 30 日，该设施的一部分围墙受损，因未及时修复导致一些儿童进入了该设施。1999 年 3 月 15 日，美国环保局人员检查时发现该公司仍然没有修复受损的围墙。美国环保局认为该公司已违反了 RCRA 相关规定，没有对危险废物处置提供足够的安全设施，决定对其进行罚款。

第一步：计算基于违法严重程度确定的金额

　　由于一些儿童已经进入该设施，环保局认为该案件潜在伤害的程度为高度。由于只是部分围墙受损，环保局认为违规的程度为中度。

　　按照潜在伤害的程度为高度、违规的程度为中度的判断，对照相关罚款矩阵中的相应罚款范围，选择中间值 19250 美元。

第二步：计算基于违法持续时间确定的金额

按照潜在伤害的程度为高度、违规的程度为中度的判断，对照相关罚款矩阵中的相应罚款范围，选择中间值 2613 美元。从 1998 年 10 月 31 日至 1999 年 3 月 15 日计算天数，为 135 天。违法持续时间确定的金额为 2613 美元 × 135 天 = 352755 美元。

第三步：计算调整金额

a. 自觉守法的程度：没有相关信息确定其程度，因此不考虑该因素。

b. 违法行为故意或无意的程度：没有相关信息确定其程度，因此不考虑该因素。

c. 违法历史：该公司有充足的时间和机会对围墙进行修复，但其一直未采取行动。

按照基于违法严重程度确定的金额和违法持续时间确定的金额之和的 15% 作为其违法历史的调整金额，即（19250 美元 + 352755 美元）× 15% = 55801 美元。

d. 其他调整因素：没有相关信息，因此不考虑其他因素。

第四步：计算违法者经济收益

该公司因为未修复围墙，存在经济收益。通过 BEN 模型计算，该公司会产生 9767 美元的经济收益。

第五步：计算最终罚款金额

最终罚款金额 = 19250 美元 + 352755 美元 + 55801 美元 + 9767 美元 = 437573 美元。

资料来源：RCRA Civil Penalty Policy。

美国这种确定罚款金额的方式具有很高的科学性、动态性和灵活性，将违法行为的严重性、持续时间，违法者对违法行为的改正，违法者的经济利益等因素综合起来进行考虑，提高了环境执法的威慑性。

2. 刑事处罚力度大

如果违法性质恶劣（如故意违法）、后果严重，美国环保局会向法院提起刑事诉讼，法院将对这些违法行为实施罚款或监禁处罚。在美国，可以提起刑事诉讼的危险废物违法犯罪包括：①运输危险废物到未获得许可证的单位；②未经许可或违反许可规定处理、贮存或处置危险废物；③在标签、转运联单、报告、许可证或临时状态标准中省略重要信息或做虚假陈述；④产生、贮存、处理或处置危险废物不符合 RCRA 的记录保留和报告的要求；⑤无转运联单运输危险废物；⑥未经接收国同意而出口危险废物；⑦运输、处置、贮存、处理或者出口任何危险废物导致他人生命和健康受到严重危害。对于前六项刑事犯罪，罚款高达每天 50000 美元，入狱至少 5 年。对于多次违法者，最高可判处 10 年监禁。对于最后一项刑事犯罪，对个人可以判处罚款最高 25 万美元或者判处监禁 15 年，对公司可以判处罚款 100 万美元。

值得注意的是，对于上述前六项犯罪类型，美国法律没有规定其必须导致污染环境的结果才对其追究刑事责任，即不论有无造成了环境污染，只要这些行为发生了，就能对其进行刑事诉讼。

（四）由美国环保局牵头，建立多部门、跨区域的监管协调机制

美国危险废物监管由美国环保局牵头，其他联邦部门各司其职、与环保局进行协作。在具体执法过程中美国环保局也会与消防、公安等部

门联动。专栏 12 - 3 介绍了一起针对非法倾倒危险废物违法案件联合执法的情况。

专栏 12 - 3 非法倾倒危险废物案件联合执法案例

美国佐治亚州地方法院判罚了一起危险废物非法倾倒案件。涉案公司是一家提供危险废物运输服务的公司。2015 年，其两名员工将一定数量含萘的危险废物非法运输并倾倒在附近萨凡纳街区的空地上，并伪造了处理危废的单据。一经发现，执法部门迅速移除了危险废物。整个案件的调查是由美国环保局牵头，由佐治亚州自然资源部、萨凡纳警察局、萨凡纳消防队危废组进行协助。最终，该公司被判罚 50 万美元罚金，并同意制定和执行有效的合规程序以避免将来类似事件的发生。两名员工分别被判处 20 个、28 个月监禁。

资料来源：U. S. Attorneys Office, Louisiana Company Pleads Guilty To Transporting and Dumping Hazardous Waste in Savannah Neighborhood, https：// www. justice. gov/ usao - sdga/pr/louisiana - company - pleads - guilty - transporting - and - dumping - hazardous - waste - savannah。

在危险废物运输方面，美国交通部是陆地运输的监管主体，美国海岸警卫队是水路运输的监管主体。由于水运的隐蔽性，美国对其加强了监管。任何一名海岸警卫队的执法人员可在任何时间和任何地点，在美国的司法管辖范围内，对任何装运危险材料的船只进行检查。同时，美国环保局和交通部也可对水路运输进行监督和开展联合执法。专栏 12 - 4介绍了一起针对危险废物海港非法排放案件的执法情况。

专栏 12 – 4 危险废物海港非法排放案件海岸警卫队执法案例

美国国内水域及海域由美国海岸警卫队负责执法，海岸警卫队检察员在对停靠在莫尔黑德市港口的货船进行检查时，获得船员匿名举报，该船不定期非法向海里排放污染废物，通过执法船主被罚款 85 万美元、认罪后判处五年缓刑，总工程师被判处一年缓刑。

资料来源：The Center for Public Integrity, Illegal Ocean Dumping Persists Despite DOJ Crackdown, https：//www. publicintegrity. org/2012/03/30/8558/illegal – ocean – dumping – persists – despite – doj – crackdown。

由于美国各州危险废物处理能力不平衡，存在大量危险废物跨州处理的情况，因此美国非常重视跨区域的危险废物监管协调机制。例如，美国多地区在医疗废物监管方面制定了联合追踪机制，协同开展监管。即使医疗废物运输至未加入该机制的州进行处理处置，也需满足该机制的相关要求。

（五）实施多样化的守法保障措施

1. 实施经济激励措施

美国环保局制定了环境审计政策——《自我监管的激励：发现、披露、纠正和预防违规行为》，通过提供经济激励措施，促进企业自觉遵守法律法规。如果企业通过自己内审发现并及时纠正了违法行为，环保局可以酌情让其免于刑事诉讼，降低或免除罚金。对于最高程度的自觉纠正违法行为，可以免除全部基于违法严重程度确定的罚金，但环保局仍需将抵销违法经济收益的罚金考虑在内。

2. 重视公众参与

美国在危险废物管理过程中非常重视公众的参与度，将公众参与视为实施 RCRA 的一项重要活动。美国环保局在危险废物处理处置以及选择新处理设施地址的过程中提供给公众广泛的参与机会，规定了在设施申请许可证、许可证颁发、许可证修改及续发等阶段均要公众进行参与。美国环保局专门出台了《RCRA 公众参与手册》，详细梳理了公众参与RCRA 实施的相关要求及程序，为公众参与 RCRA 的实施提供了政策指导。

3. 加强守法教育及援助

美国注重通过加强对小企业的守法教育及援助，促进其自觉守法。美国环保局执法及守法保障办公室（OECA）制定了若干用于鼓励并援助守法的政策及方案。OECA 推动成立了多个小型企业守法中心，为员工数少于 10 人的小型企业提供守法援助，对其进行普法教育。通过与州政府、大学及贸易团体合作，OECA 已经为金属表面处理业、印刷业、自动化服务业以及农业建立了服务中心，最大程度向产废小企业普及危险废物产生者主体责任，促使其自觉守法。

（六）充分使用信息公开手段

美国通过信息公开手段接受公众对危险废物监管工作的监督，取得了较好效果。

首先，执行严格的危险废物报告制度。所有危险废物产生者都必须按照法规要求的频次、范围和方式报告其产生的危险废物。美国环保局不定期抽查企业报告，如企业有漏报、瞒报等情况，将面临额度较大的罚款，同时必须改正所有报告的错误并公开。

其次，美国环保局主动公开环境信息。每个人都有权了解自己每天所处环境的情况，包括环境中危险废物的信息。除了有关环境污染的信息外，美国政府必须公开环境对健康影响的信息，这类信息的公开不需要公众请求。在美国环保局的网站上，公众输入自己所居住区域的邮政编码，就可以检索到所在社区的环境质量及环境污染相关信息，包括是否有国家优先治理污染场地顺序名单上的污染地块等。对于主动公开的环境信息，美国环保局为了便于公众理解，侧重使用图表、音频视频文件等多种形式直观有效地公开信息。除了网站查询之外，美国环保局还开发了通过手机等移动终端进行查询的 App，方便公众随时随地了解环境信息。

另外，公民可以向环保部门提出要求，获取环境相关数据。在美国，每位公民（包括非美国公民）、每个组织都可以向美国环保局和各个州的环境部门寻求信息。获取环境信息的方式也很简单，可以通过寄送信函或者发电子邮件的方式寻求需要的信息。法律规定美国环保局必须要在 10 天之内做出答复，否则需要向公众说明不能公开的法律依据。

四　我国危险废物监管现状及当前存在的主要问题

我国危险废物环境管理工作始于 20 世纪 90 年代。经过 20 多年的发展与实践，已形成《中华人民共和国固体废物污染环境防治法》（以下简称《固废法》①）、《国家危险废物名录》、《危险废物鉴别标准》、

---

① 我国于 1995 年颁布《固废法》，此后分别于 2004 年、2013 年、2015 年、2016 年进行了 4 次修订，目前正在开展《固废法》第 5 次修订工作。2019 年《全国固体废物与化学品环境管理工作要点》将《固废法》及《危险废物经营许可证管理办法》、《危险废物转移联单管理办法》等配套法规政策的修订列为重点工作领域。2019 年 5 月 1 日国务院办公厅印发的《国务院 2019 年立法工作计划》中将"提倡全国人大常委会审议固体废物污染环境防治法修订草案"工作纳入2019 年立法工作计划。

《危险废物经营许可证管理办法》、《危险废物转移联单管理办法》、《医疗废物管理条例》、《危险废物产生单位管理计划制定指南》等多项法规、标准和规范性文件，已基本建成基于危险废物全过程的管理制度体系。2016 年最高人民法院、最高人民检察院新修订的《关于办理环境污染刑事案件适用法律若干问题的解释》明确了环境污染共同犯罪的处理规则以及"有毒物质"的范围和认定问题。总体来看，我国对危险废物管理的主要制度和要求与美国的管理规定类似，但在法律要求的可操作性、监管手段的有效性等方面还有待提高。

（一）关于产废单位的主体责任规定操作性不强

美国的 RCRA、CERCLA 分别从预防危险废物污染环境角度、污染场地治理角度规定了危险废物产生者的主体责任。我国《固废法》第五条仅原则性地提出了"我国固体废物污染环境防治实行污染者依法负责"，第六十三条提及"……造成危险废物严重污染环境的单位，必须立即采取措施消除或者减轻对环境的污染危害……"，其中"污染者""造成危险废物严重污染环境的单位"并不明确指产废单位，因此产废单位的主体责任没有被明确界定（见表 12 - 6）。危险废物监管涉及产生、收集、贮存、运输、回收利用、处置等多个环节。一些产废单位往往通过签订处置合同的方式将后续责任转嫁给下游企业，由于产废单位主体责任未在法律中得到明确，一旦发生非法处置案件难以追究产废单位的责任。

表 12 - 6　中美两国在产废单位主体责任上的立法规定

	美国	中国
产废单位主体责任制度	从预防危险废物污染环境角度，RCRA 规定了产废单位在鉴别、清算、贮存、处理处置、报告等环节负有全过程监管责任。从污染场地治理角度，CERCLA 规定了危险废物污染治理费用的 4 种潜在责任主体，其中包括危险废物产生者。CERCLA 确立了多重归责原则，包括严格责任、连带责任和追溯责任归责原则。对危险废物产生者提出了严格的要求，产生者不能通过与运输者、处置者签订合同或协议的方式免责，而必须对其产生的危险废物进行全过程监管	《固废法》第五条规定：国家对固体废物污染环境防治实行污染者依法负责的原则。产品的生产者、销售者、进口者、使用者对其产生的固体废物依法承担污染防治责任。第五十二条、第五十三条、第五十五条、第五十六条、第五十八条、第五十九条、第六十二条对产废单位提出了设置识别标志、制定危险废物管理计划、申报、按国家规定处置危险废物、厂内贮存期限、填写转移联单、跨省转移申请、意外事故防范措施和应急预案等诸多要求。第六十三条规定：因发生事故或者其他突发性事件，造成危险废物严重污染环境的单位，必须立即采取措施消除或者减轻对环境的污染危害，及时通报可能受到污染危害的单位和居民，并向所在地县级以上地方人民政府环境保护行政主管部门和有关部门报告，接受调查处理

（二）对危险废物信息及数据的掌握不够

我国危险废物种类繁多、产生量大、涉及行业范围广。长期以来，一些产废单位作为危险废物污染防治的主体，存在瞒报、漏报危险废物产生及流转情况的问题，其责任意识有待提高。

目前我国关于产废单位记录并上报信息及数据的制度包括申报登记制度①、危险废物管理计划制度、台账制度。申报登记制度，由于缺乏

---

① 《固废法》第五十三条规定：产生危险废物的单位，必须按照国家有关规定制定危险废物管理计划，并向所在地县级以上地方人民政府环境保护行政主管部门申报危险废物的种类、产生量、流向、贮存、处置等有关资料。

统一的实施办法，目前仅在部分地区先行推广，尚未在全国范围内全面开展。危险废物管理计划制度是由产废单位报县级环保部门备案。台账制度是由产废单位自行执行。上述三项制度缺乏统一性和协调性，虽然侧重点各有不同，但要求企业提供的信息存在重叠，企业实施起来工作负担重、积极性不高。此外，国家虽然已建成"全国固体废物管理信息系统"并设有危废板块，但由于地方管理信息系统与国家系统存在冲突，因此地方管理部门使用国家系统上报数据的积极性不高，导致全国系统中危废板块数据不全。以上两方面因素导致了国家对全国各类危险废物的产生、转移、贮存、利用和处置等情况掌握不够，影响了环境管理的有效性。

（三）对危险废物产生单位没有制定和实施分类管理制度

我国只对危险废物进行了分类管理，对危险废物产生单位没有制定和实施分类管理制度。在法律层面，《固废法》对所有产生危险废物的单位提出了统一的监管要求，如必须制定危险废物管理计划，向生态环境行政主管部门申报登记，必须按照有关规定处置危险废物等。在政策层面，《危险废物产生单位管理计划制定指南》《危险废物转移联单管理办法》等部门规章及规范性文件均未涉及对产废单位进行分类管理。在技术规范及标准层面，《危险废物收集、贮存、运输技术规范》等也未涉及对产废单位进行分类管理。我国对全部产废单位实施统一的监管，这种全覆盖监管模式虽然可以保障监管范围的全面性，但在一定程度上由于监管重点不突出而导致执法压力增大以及有限监管资源的浪费。

（四）对违法行为的处罚力度较轻

民事及行政处罚涉及的罚款力度较轻。目前，针对十三类违反危险废物污染环境防治规定的行为，我国《固废法》规定了最高 20 万元的罚款额度。在危险废物非法转移和倾倒违法案件中可以看到按照正规途径处理一吨危险废物需要 6000~8000 元，有些甚至要上万元，但是违法者通过非法途径处置一吨危险废物可能只花几百元。由于已形成黑色产业链，不法分子非法转移和倾倒的危险废物量往往十分巨大，如 2017 年 11 月不法分子在安徽省铜陵市一处江滩一次性非法倾倒近 63 吨危险废物，2017 年 5 月不法分子在广西贵港市某处一次性非法倾倒 1000 多吨危险废物。相对于因正规处置和非法处置危险废物的费用差而产生的巨大经济利益，最高 20 万元的经济处罚显得力度过轻，对违法者难以起到震慑作用。此外，《固废法》设专门条款，规定了对无经营许可证或者不按照经营许可证规定从事收集、贮存、利用、处置危险废物经营活动的，要没收违法所得，并可并处违法所得三倍以下的罚款，将违法所得纳入了罚款考虑范围，对违法企业有一定的威慑力。但是目前我国尚没有对"违法所得"做出准确、权威的解释，更没有如何确定违法所得额度大小的具体规则，导致法律的要求得不到有效落实。

刑事处罚力度较轻。我国《刑法》规定"严重污染环境的，处三年以下有期徒刑或者拘役，并处或者单处罚金；后果特别严重的，处三年以上七年以下有期徒刑，并处罚金"。而美国对危险废物管理相关的刑事处罚，不论违法行为有没有污染环境，均可追究其刑事责任（入狱至少 5 年，对多次违法者最高可判处 10 年监禁）（见表 12 - 7）。

表 12 - 7 中美两国对涉及危险废物违法行为的处罚规定

	美国	中国
对违法行为的处罚力度	民事罚款总额由基于违法严重程度确定的金额、基于违法持续时间确定的金额、调整金额和抵销违法经济收益金额(美国环保局有专门计算违法收益的工具)四个部分确定,将违法行为的严重性、持续时间,违法者对违法行为的改正等因素,违法者的经济利益综合起来进行考虑,提高了经济处罚的威慑性。 如果违法性质恶劣(如故意违法)、后果严重,美国环保局会向法院提起刑事诉讼。在美国可以提起刑事诉讼的危险废物管理相关的犯罪类型包括七类①。对于前六项刑事犯罪,罚款高达每天 50000 美元,入狱至少 5 年。对于最后一项刑事犯罪,对个人可以判处罚款最高 25 万美元或者判处监禁 15 年,对公司可以判处罚款 100 万美元	《固废法》第七十五条规定:违反本法有关危险废物污染环境防治的规定,有下列行为之一的,由县级以上人民政府环境保护行政主管部门责令停止违法行为,限期改正,处以罚款:(一)不设置危险废物识别标志的;……(十三)未制定危险废物意外事故防范措施和应急预案的。有前款第一项、第二项、第七项、第八项、第九项、第十项、第十一项、第十二项、第十三项行为之一的,处一万元以上十万元以下的罚款;有前款第三项、第五项、第六项行为之一的,处二万元以上二十万元以下的罚款;有前款第四项行为的,限期缴纳,逾期不缴纳的,处应缴纳危险废物排污费金额一倍以上三倍以下的罚款。 第七十六条规定:违反本法规定,危险废物产生者不处置其产生的危险废物又不承担依法应当承担的处置费用的,由县级以上地方人民政府环境保护行政主管部门责令限期改正,处代为处置费用一倍以上三倍以下的罚款。 第七十七条规定:无经营许可证或者不按照经营许可证规定从事收集、贮存、利用、处置危险废物经营活动的,由县级以上人民政府环境保护行政主管部门责令停止违法行为,没收违法所得,可以并处违法所得三倍以下的罚款。不按照经营许可证规定从事前款活动的,还可以由发证机关吊销经营许可证。 《关于办理环境污染刑事案件适用法律若干问题的解释》第一条规定:实施刑法第三百三十八条②规定的行为,具有下列情形之一的,应当认定为"严重污染环境":……(二)非法排放、倾倒、处置危险废物三吨以上的;…… 第七条规定:行为人明知他人无经营许可证或者超出经营许可范围,向其提供或者委托其收集、贮存、利用、处置危险废物,严重污染环境的,以污染环境罪的共同犯罪论处

　　注：①七类犯罪类型为：（1）运输危险废物到未获得许可证的单位；（2）未经许可处理、贮存或处置危险废物，或违反许可规定的内容或者临时状态标准；（3）在标签、转运联单、报告、许可证或临时状态标准中省略重要信息或做虚假陈述；（4）产生、存储、处理或处置危险废物不符合 RCRA 的记录保留和报告的要求；（5）无转运联单运输危险废物；（6）未经接收国同意而出口危险废物；（7）运输、处置、存储、处理或者出口任何危险废物，导致他人生命和健康受到严重危害。

　　②《刑法》第三百三十八条：【污染环境罪】违反国家规定，排放、倾倒或者处置有放射性的废物、含传染病病原体的废物、有毒物质或者其他有害物质，严重污染环境的，处三年以下有期徒刑或者拘役，并处或者单处罚金；后果特别严重的，处三年以上七年以下有期徒刑，并处罚金。

（五）危险废物利用处置能力不足

　　危险废物从严管理的目的是防范环境风险，但过多的管制也造成了危险废物转移、利用、处置程序烦琐，成本高昂的问题，既影响了危险废物利用处置市场化发展的活力，也增加了管理的行政成本。自《环境保护法》《"十三五"生态环境保护规划》将危险废物集中处置设施确定为环境保护公共基础设施以来，各地危险废物处置能力建设得到了有效推动，但总体上还是处于处置能力不足的状况。此外，我国缺乏对不同类别危险废物利用处置过程的差异化的监管措施，导致某些可利用或降级处置的低风险性危险废物依然挤占有限的处置资源。处置能力的不足成为正规处置费用居高不下的主要原因，这在一定程度上导致了部分企业为节省处置费用而将危险废物进行非法转移及倾倒。

（六）危险废物信息公开不够

　　虽然《政府信息公开条例》《环境保护法》《环境信息公开办法》

《固废法》为危险废物信息公开提供了法律基础，但我国危险废物信息公开仍然存在很大不足，具体有以下问题。一是由于生态环境部门对危险废物信息及数据掌握不够，导致信息公开工作基础薄弱。如前面所述，危险废物信息在国家、地方层面均有不同程度的统计，碎片化严重。二是目前法律法规对危险废物信息公开的范围规定较为有限。《固废法》规定的危险废物信息公开的范围包括危险废物种类、产生量、处置状况，没有包括与公众切身利益相关的危险废物环境健康信息。①

五　政策建议

我国目前正处于危险废物非法倾倒频发的历史发展阶段，危险废物非法倾倒也是多年发展积累存量的结果，与美国 20 世纪八九十年代的情况类似。尽管我国已经制定了危险废物监管相关的法律法规和政策体系，但仍存在细节上难操作、规定不到位等问题。例如，非法处理危险废物的成本一般不到正规处理成本的 1/10，巨大的经济利益让违法分子铤而走险。加之受监管能力、守法氛围、法律意识等条件限制，我国危险废物监管还有很多亟待改进的地方，建议借鉴美国经验。

（一）进一步明确及细化产废单位的主体责任

明确产废单位的主体责任有助于从源头上加强监管，增强产废单位

---

① 《固废法》第十二条规定：大、中城市人民政府环境保护行政主管部门应当定期发布固体废物的种类、产生量、处置状况等信息。

的责任意识，在发生危险废物污染环境事故时有助于对产废单位进行追责，并通过确定责任主体及时有效消除事故所造成的环境污染风险，提高监管效率。

短期来看，一是建议在修订《固废法》时，明确提出产废单位对其产生的危险废物具有全过程监管的主体责任。二是建议通过条例、部门规章等形式，进一步细化产废单位的主体责任。产废单位的全过程监管主体责任不应因与运输单位、处置单位签订危险废物运输、处置合同或协议而受到免除。并且，全过程监管主体责任还应包括在发生危险废物非法处置违法事件时对污染场地进行清理和修复的责任。

长期来看，建议借鉴美国 CERCLA 的立法经验，探讨针对我国已经产生或可能产生的危险废物污染场地治理工作出台专项法律的可行性。通过专门立法监管受污染场地的治理，可以进一步明确包括产废单位在内的各个潜在责任主体，规范建立向各潜在责任主体追责的程序。

（二）建立全国危险废物信息数据库

进一步加强对全国范围内危险废物产生、流转、贮存、处理、处置等信息的收集力度，建立全国危险废物信息数据库。一是建议生态环境部加强政策统筹，将申报登记制度、危险废物管理计划制度、企业台账制度进行有机整合和统一，进一步制定明确的、可操作的产废单位定期申报登记制度，加强对危险废物产生源头信息的收集。二是利用技术手段增强地方系统与国家系统的协调性，实现地方与国家系统的互联互通，在有效利用现有地方信息系统、"全国固体废物管理信息系统"危险废物板块的前提下建立全国危险废物信息数据库。

（三）建立危险废物及产废单位分类管理制度

在全面掌握我国危险废物信息后，一是对各种危险废物的危害性进行评估，划分风险等级，提出危险废物在回收利用、处理处置方面的差异化管理措施建议。

二是研究建立产废单位分类管理制度。以危险废物产生量和危害程度为划分依据，将产废单位进行分类管理。可将产废量大、危害严重的企业列为重点监管企业，从严监管；将产废量小、危害较轻的企业列为一般监管企业，常规监管；将产废量极小、危害极轻的企业列为可以豁免监管的企业。对产废单位进行分类管理，一方面可以推动企业主动采取措施，促进危险废物减量；另一方面可以将有限的行政资源聚焦于重点企业，提高监管效率。

三是按危险废物最小代码制定专门专用技术规范。允许低风险性废物在允许的范围内回收利用、降级处理处置，避免出现低风险性废物保护过度和高风险性废物防范不足的问题。

（四）加大对非法处置危险废物违法人员的处罚力度

在修订《固废法》时，一是将非法处置危险废物违法行为的严重程度纳入确定罚款金额的考虑范围，对于故意违法、屡次违法、造成严重后果的违法行为要加大处罚力度；二是借鉴美国经验，将违法行为持续时间纳入确定罚款金额的考虑范围，将非法处置危险废物违法行为与按日计罚相结合；三是研究制定非法处置危险废物违法所得的核算细则，将当地危险废物正规处理处置费用、正规运输费用等项目纳入核算细则中，科学核算出违法企业的违法所得利益，以落实《固废法》中对违法行为"没收违法所得"的处罚规定；四是加大对非法处置危险废物违法人员的刑事处罚力度；五是制作执法 App，将罚款处置简单操作。

（五）配套使用经济激励、公众监督、法律宣贯等保障措施

一是建立守法单位激励制度，研究制定长期守法单位减免税收等经济激励政策，推动企业形成自觉守法的意识。二是加大对公众普及和宣传与危险废物相关的生态环境保护知识及法律法规的力度，使公众了解危险废物的特征及危害，鼓励公众监督产废单位的环境行为，积极举报危险废物非法转移和倾倒等违法行为。三是各级生态环境部门宣教机构要加强法律宣贯，通过条款解释、案例剖析等方式，让产废单位、危险废物经营单位充分认识非法转移及处置危险废物的环境危害性和对相关企业及个人带来的严重后果，增强其责任意识。

（六）加强危险废物信息公开

一是实施严格的危险废物产生者报告制度。在未来修订的《固废法》中规定，所有的危险废物产生者都必须按照法规要求的频次、范围和方式报告其产生的危险废物。生态环境部门随时抽查，将抽查情况信息公开。二是生态环境部门主动公开危险废物信息和数据。在生态环境部官网及公众号、中国环境报等媒体公开全国危险废物信息数据库，对于危险废物非法处置案件也都予以曝光。三是生态环境部门制作手机 App，使公众可以随时查阅相关危险废物信息。

第十三章　美国重型柴油车治理经验及对我国的启示

提　要: 美国自20世纪40年代以来通过立法、政策、资金支持等多重手段开始治理重型柴油车尾气排放,取得了显著成效。美国柴油车治理特点如下:一是地方机动车污染问题推动了联邦层面在机动车污染领域的环境立法,而联邦又引导着州一级重型柴油发动机排放标准的建立,二者相互促进;二是实施严格的发动机排放标准和清洁柴油油品标准;三是开展柴油车减排专项行动;四是制定专项计划改造老旧柴油车,并对改造后的车辆进行定期检查和维护;五是充分考虑在柴油车减排过程中,各方所需承担的经济成本,给予资金支持。我国柴油车辆污染控制仍存在老旧车辆冒充国Ⅳ、国Ⅴ车辆流入使用环节,柴油货车污染控制装置、车载诊断系统不正常运行,柴油油品不达标等现象。美国重型柴油车污染治理对我国的启示如下：一是推动在用老旧柴油货车的淘汰或升级、油品清洁化；二是对现有的尾气排放标准进行评估和更新；三是统筹"车—油—路—企"管理；四是制定专项改造计划以及检查和维护计划；五是加强资金支持，充分调动各方治理重型柴油车高排放问题的积极性。

美国也曾面临重型柴油车污染问题，采取立法、制定政策、资金支持等多种手段，取得显著成效，具有启示意义。

一　美国重型柴油车污染情况

美国自 20 世纪的洛杉矶烟雾事件后，开始意识到汽车尾气排放对环境产生的巨大危害，之后联邦政府及各州开始制定并颁布了针对机动车排放治理的一系列法律法规，在很大程度上减少了机动车的污染物排放。

1980～2017 年，美国国内生产总值（Gross Domestic Product，GDP）增长了 165%，车辆行驶里程（Vehicle Miles Traveled，VMT）增长了110%，能源消耗增长了 25%。而在同一时期内，美国国内六种主要空气污染物的排放总量下降了 67%。其中，联邦及各州采取的各种针对移动源的污染控制措施起到了很大作用。[①] 但是，值得注意的是，公路

---

① U. S. EPA, Air Quality-National Summary, 2018 – 07 – 25, https：//www. epa. gov/air – trends/air – quality – national – summary.

车辆（Highway Vehicles）排放的 CO、NOx 和 VOC 仍占有较高比例。而
公路车辆则是以柴油为燃料的柴油车,[①] 包括柴油汽车、卡车等。2017
年，公路车辆 NOx 排放量占比为 34.29%，CO 排放量占比为 31.43%，
VOC 排放量占比为 11.1%，同时还承担着不到10% 的 $PM_{2.5}$ 和 PM_{10} 的排
放量（见图 13 - 1）。[②] 美国环保局预测，到2025 年重型柴油车 NOx 的
排放量将占到整个交通行业排放量的 1/3。[③] 就美国加州而言，重型柴
油车所排的 HC 不到总排放量的 10%，但是 PM 和 NOx 排放量却远远超

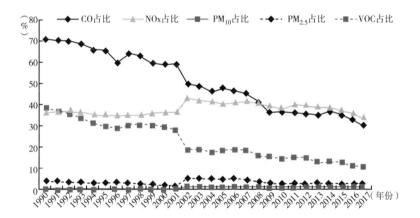

图 13 - 1　美国 1990 ~ 2017 年各类污染物排放中公路车辆贡献比变化趋势

资料来源：Air Pollutant Emissions Trends Data。

---

① U. S. EPA, About Diesel Fuels, 2017 - 07 - 25, https：//www. epa. gov/diesel - fuel -
standards/about - diesel - fuels.

② U. S. EPA, Air Pollutant Emissions Trends Data, 2018 - 07 - 11, https：//
www. epa. gov/air - emissions - inventories/air - pollutant - emissions - trends - data.

③ U. S. EPA, Regulations for Emissions from Vehicles and Engines, 2019 - 02 - 21,
https：//www. epa. gov/regulations - emissions - vehicles - and - engines/cleaner -
trucks - initiative.

过了其他所有车种的总和。此外，重型柴油车每年排放的 PM 和 NOx 占
到机动车总排放量的 50% 以上，成为影响加州城市空气质量的一个重
要污染物排放源。[1]

二　美国重型柴油车监管经验

（一）联邦层面治理经验

美国环保局对重型柴油车排放管控主要涉及发动机以及油品清洁两
个方面，以使车辆排放达到既定标准。

1. 清洁柴油发动机

美国对于重型柴油发动机排放限值的规定最早开始于 1968 年。当
时 的 美 国 国 家 空 气 污 染 管 理 局 （National Air Pollution Control
Administration）制定并颁布了针对道路卡车和公共汽车的柴油发动机的
烟雾排放限值。1977 年《清洁空气法（修正案）》中强制要求重型柴油
发动机在考虑成本、技术可行性和其他因素的情况下达到可实现的柴油
颗粒物和 NOx 的最大减排量。

随着时间的推移，柴油发动机在重型机动车中的使用比例越来越高，
重型柴油机动车每英里排放的颗粒物超过了汽油发动机的两倍，广大城
市地区的空气质量备受影响。1990 年《清洁空气法（修正案）》第 201 节

---

① 周磊、王伯光、汤大钢：《重型柴油车对空气质量的影响及其排放的控制》，《环
境科学》2011 年第 8 期。

规定：1983 车型年①及之后的重型发动机必须满足新修订后的 HC、CO、NO 和 PM 的排放标准，而最新标准同样也是在适当考虑成本、能源消耗和安全标准后，依靠最新技术可实现的最大减排程度所制定的。

1995 年，美国环保局、加州空气资源委员会（California Air Resources Board，CARB）和发动机制造商签署了一份原则性声明（Statement of Principles，SOP），美国环保局认识到需要对重型机动车的发动机排放进行严格控制，特别是 NOx 和 PM。美国环保局在 1997 年通过了一些规定，其中包括要求 2004 车型年车辆的 NOx 和非甲烷碳氢化合物排放量为 2.4 g/bhp-hr；1998 车型年车辆的 CO 和 PM 排放量分别维持在 15.5 g/bhp-hr 和 0.01 g/bhp-hr 的水平。1999 年，美国环保局重申了已有的技术可以达到 2004 车型年的排放标准。②

2001 年初，美国环保局制定了更为严格的重型车辆排放标准。从 2007 车型年开始，PM 排放标准为 0.01 g/bhp-hr，NOx 和 NMHC 标准为 0.2 g/bhp-hr 和 0.14 g/bhp-hr。这些标准将针对 2007 ~ 2010 车型年柴油发动机分阶段实施；这些标准适用于 2007 ~ 2009 车型年销售的 50% 的车辆和 2010 车型年销售的 100% 车辆③（美国柴油发动机排放标准演变见表 13 - 1）。这些法规强化了排放标准，并要求减少燃料中硫的含量。新标准将使 PM 和 NOx 的排放量在现有基础上减少至少 90%，而新标准的实现

---

① 车型年用来描述产品大约是什么时候生产的，它通常表示该产品的基本规格（设计修订号）是一致的。

② "Suggested Citation：National Resarch Counil," in *State and Federal Standards for Mobile Source Emissions*（Washington, D. C.：National Academies, 2006）.

③ "Suggested Citation：National Resarch Counil," in *State and Federal Standards for Mobile Source Emissions*（Washington, D. C.：National Academies, 2006）.

依赖于新的废气排放控制技术，比如柴油颗粒过滤器（Diesel Particulate Filter，DPF）和 NOx 的选择性催化还原（Selective Catalytic Reduction，SCR）。[1]

表 13 - 1　美国各车型年柴油发动机排放标准

车型车	烟雾标准
1970～1973 车型年	20% 的不透明度（加速） 40% 的不透明度（低速）
1994 车型年至今	20% 的不透明度（加速）
2007 车型年	15% 的不透明度（低速） 50% 的不透明度（最高速）

气体排放（克/制动马力·小时）					
车型年	HC + NOx	CO	HC	NOx	PM
1974	16	40			
1979	5	25			
	10	25	最大值1.5		
1984 稳态		15.5	0.5	9.0	
1984 瞬时		15.5	1.3	10.7	
1985		15.5	1.3	10.7	
1988		15.5	1.3	10.7	0.6
1990		15.5	1.3	6.0	0.6
1991		15.5	1.3	5.0	最小值/最大值:0.25/0.1
1993		15.5	1.3	5.0	最小值/最大值:0.25/0.1

---

[1]　A. P. Morriss, B. Yandle & A. Dorchak, "Regulating by Litigation: The EPA's Regulation of Heavy-Duty Diesel Enfines," *Admin. L. Rev.* 56 (2004): 403.

续表

车型年	气体排放(克/制动马力·小时)				
	HC + NOx	CO	HC	NOx	PM
1994		15. 5	1. 3	5. 0	最小值/最大值:0. 01/0. 07
1998		15. 5	1. 3	5. 0	最小值/最大值:0. 01/0. 07
2004	2. 4	15. 5			最小值/最大值:0. 01/0. 07
	2. 5	15. 5	最大值0. 5		最小值/最大值:0. 01/0. 07
2007		15. 5	0. 14	0. 2	0. 01

资料来源:A. P. Morriss, B. Yandle & A. Dorchak, "Regulating by Litigation: The EPA's Regulation of Heavy-Duty Diesel," *Admin. L. Rev.* 56 (2004): 403。

2. 油品清洁化

柴油中的硫含量是机动车排放限值最为重要的指标,几乎决定了柴油车所有污染物的排放水平。无论是 $PM_{2.5}$、NOx,还是 HC、CO,都会随着硫含量的增加而增加。[1]

1990 年《清洁空气法(修正案)》授权美国环保局对燃油质量直接进行管控。美国环保局对燃料的管控包括燃料注册、燃料检查、燃料质量检测以及违规处罚等内容,进而确保燃料的合规使用。同时,美国环保局的燃料达标计划适用于分销系统中的各方,包括炼油厂、进口商、分销商、运输商、零售商、批发商等。到现在,柴油中的硫含量已经逐渐下降至近零的水平。

美国环保局在管控柴油中的硫含量之前,柴油燃料中含有高达

---

[1] 参见 http://baijiahao. baidu. com/s? id = 1577349907252 347515&wfr = spider&for = pc。

5000ppm 的硫。① 1993 年，柴油中的硫含量限值为 500ppm。这种燃料通常被称为低硫（Low Sulfur）柴油，目的是减少硫酸盐颗粒的排放，同时这也是满足 1994 年重型高速公路发动机排放标准的必要条件。从 2006 年开始，美国环保局开始逐步实施更为严格的标准，将柴油中的硫含量将至 15ppm，这种燃料被称为超低硫柴油（Ultra Low Sulfur Diesel，ULSD）。该标准由美国环保局制定，以支持基于催化剂的排放控制装置，如柴油微颗粒过滤器和 NOx 吸收器，从而满足 2007～2010 年重型发动机的排放标准。② 从 2006 年到 2010 年，美国环保局逐步推广了超低硫柴油。2010 年后，美国环保局柴油标准要求所有供应市场的道路柴油都必须是超低硫柴油，同时所有道路柴油车都必须使用超低硫柴油。③

3. 清洁运输行动

除了积极制定和修改针对重型柴油车的相关法规、政策及排放标准外，美国环保局还从运输和资金方面对重型柴油车的排放治理提供相应的支持。

全球贸易虽然给美国经济带来了积极影响，但是伴随而来的对环境和公共卫生的负面影响也不容忽视。1990～2013 年，美国货运量增加了 50% 以上，预计到 2040 年还将再增长一倍。交通领域贡献了美国 50% 以上的 NOx 排放、30% 以上的 VOCs 排放和 20% 以上的 PM 排放。④

---

① U. S. EPA, Diesel Fuel Standards and Rulemakings, 2017 - 06 - 07, https：//www. epa. gov/diesel - fuel - standards/diesel - fuel - standards - and - rulemakings.

② U. S. , Fuels：Diesel and Gasoline, https：//www. transportpolicy. net/standard/us - fuels - diesel - and - gasoline/.

③ U. S. EPA, Diesel Fuel Standards and Rulemakings, 2017 - 06 - 07, https：//www. epa. gov/diesel - fuel - standards/diesel - fuel - standards - and - rulemakings.

④ 参见 https：//www. epa. gov/smartway/why - freight - matters - supply - chain - sustainability。

在交通领域内部，来自重型卡车的污染增长最快，预计到 2040 年，货物运输将成为美国交通领域的最大排放源。货运活动给空气质量和民众健康带来了巨大的不利影响。为了应对货运排放问题，美国环保局面向公共和私营部门发起了名为"SmartWay"的自愿货运减排计划。

该计划由美国环保局牵头，企业、环保组织、交通行业协会等多方参与，这是美国环保局具体组织实施的一项自愿加入的旨在节能减排的计划，最初目的是提高能源利用效率，减少空气污染和温室气体排放。这个计划由三个核心组成部分：SmartWay 运输合作伙伴计划、SmartWay 品牌计划和 SmartWay 全球合作计划。

SmartWay 运输合作伙伴计划主要参与方包括托运人、运货公司、物流配送业主和附属子公司，该计划提出到 2012 年计划每年节省 3.3 亿~6.6 亿加仑柴油，这意味着每年可减少 3300~6000 吨的二氧化碳排放量和 20000 吨的氧化亚氮排放量。同时，该计划还提出要大量减少 PM 的排放量。[1] 据美国环保局测算，加入该计划的每辆卡车每年可节约开支 9000 美元，不仅节省了燃油费用，也降低了保养费用。[2]

---

① 参见 https：//en. wikipedia. org/wiki/SmartWay_ Transport_ Partnership。

② SmartWay Transport Partnership, The SmartWay to Save Fuel, Money and the Environment, 2010, https：//nepis. epa. gov/Exe/ZyNET. exe/P100ABQS. txt? ZyActionD = ZyDocument&Client = EPA&Index = 2006% 20Thru% 202010&Docs = &Query = &Time = &EndTime = &SearchMethod = 1&TocRestrict = n&Toc = &TocEntry = &QField = &QFieldYear = &QFieldMonth = &QFieldDay = &UseQField = &IntQFieldOp = 0&ExtQFieldOp = 0&XmlQuery = &File = D% 3A% 5CZYFILES% 5CINDEX% 20DATA% 5C06THRU10% 5CTXT% 5C00000025% 5CP100ABQS. txt&User = ANONYMOUS&Password = anonymous&SortMethod = h% 7C − .

SmartWay 品牌计划。这是一种可持续货运的认证标志体系，旨在鼓励相关企业减少燃料使用、提高运输效率、降低货运活动的碳足迹。美国环保局定期更新并公布绿色车辆指南，向公众推荐通过 SmartWay 认证的汽车及零部件制造商。公司和个人如购买 SmartWay 认证车辆，可通过 SmartWay 的合作银行申请低息购车贷款。美国国会和州政府还为参与该项目的企业提供不同类型的资金奖励和研究经费。例如，SmartWay 清洁柴油资金计划旨在发展有效利用能源和控制污染排放技术，2008[①] 年和2009[②] 年，美国环保局分别将 340 万美元和 2000 万美元用于支持该项目。同时，SmartWay 品牌计划也为企业提供了展现实施可持续货运战略、保护环境决心的重要平台。

SmartWay 全球合作计划被其他国家的政府和商业领袖认为是提高货运效率和降低成本的最佳途径之一，同时还可以减少空气污染，提高能源安全，并促进经济可持续发展。该计划主要包括北美地区的 SmartWay 项目（North American SmartWay）、全球货运供应链项目（Global Freight Supply Chain Programs）以及 SmartWay 后的全球建模项目（Modeling Global Programs after SmartWay）。十多年来，美国环保局一直与许多国家、全球或区域性组织以及商业伙伴合作，促进全球货运供应链的改善，并帮助全球伙伴制定类似 SmartWay 的计划，在世界范围内减少货运交通带来的环境影响。

---

① U. S. EPA，National Clean Diesel Programs：Progress Update，2008 – 05 – 08，https：//www. epa. gov/sites/production/files/2015 – 01/documents/05082008mstrs_stewart_ revised2. pdf.

② 参见 https：//www. enn. com/articles/40411 – epa – awards – MYM20 – million – in – recovery – act – funding – for – clean – diesel – finance – program – 。

自实施以来，SmartWay 得到了相关行业的广泛响应与全社会的积极参与。目前已有超过 3700 个组织与 SmartWay 建立了伙伴关系，[①] 包括卡车、铁路、驳船运输商，以及那些依靠它们运输其产品和原料的零售商、制造商等。此外，诸多非政府组织、国际及地方机构也参与其中。SmartWay 计划取得了多重显著效果。[②] 一是减少排放。SmartWay 计划帮助其合作伙伴减少了 1.03 亿吨包括 NOx、PM 和 CO_2 在内的污染物排放。二是节约燃油。自 2004 年以来，SmartWay 计划已帮助合作伙伴节约燃油 2.15 亿桶，这相当于 1400 多万户家庭一年的能源消耗。三是降低成本。通过与 SmartWay 合作，美国卡车运输公司节省了约 297 亿美元的油耗成本。四是促进美国经济发展。物流和运输在 2016 年为美国的经济贡献了 1.39 万亿美元，占年度 GDP 的 5%，其中 70.6% 的运输由货车完成，其收入占到了全部货运收入的 80%。

4. 资金支持

在柴油车减排治理过程中，美国政府在财政上给予了很大的支持。2005 年《能源政策法案》（Energy Policy Act）[③] 中的《柴油机减排法案》（Diesel Emissions Reduction Act, DERA）从资金上支持柴油减排，规定：70% 的《柴油机减排法案》拨款将用于资助使用美国环保局或加州空气资源委员会认证的柴油减排技术项目；30% 的《柴油机减排

---

① U. S. EPA, SmartWay Program Successes, 2019 - 03 - 11, https：//www. epa. gov/ smartway/smartway - program - successes.

② SmartWay Program Highlights for 2017, 2019 - 03 - 11, https：//www. epa. gov/sites/ production/files/2017 - 12/documents/420f17022. pdf.

③ 《能源政策法案》主要关注于能源效率、汽车和汽车燃料、能源税收优惠政策等美国能源生产的各方面。

法案》拨款将用于支持各州的柴油清洁项目，分配资金是由各州的参与方式决定的，同时提供柴油减排支持资金的州会得到额外的奖励资金。2008～2012 年，《柴油机减排法案》累计为老旧柴油车减排提供了约 3 亿美元的资金支持。

此外，美国国会 2009 年颁布的《美国复苏与再投资法案》（American Recovery & Reinvestment Act，ARRA）旨在帮助美国经济从大萧条中复苏，拨款 7870 亿美元资助减税和补贴社会福利计划，并增加教育、医疗保健、基础设施和能源部门的支出。[①] 其中，《美国复苏与再投资法案》投资了 3 亿美元用于促进老旧柴油车减排。[②]

（二）加利福尼亚州重型柴油车污染控制

《清洁空气法》授予加州政府制定本州移动源排放标准的权力。到目前为止，加州对轻型车辆和小型非道路汽油发动机排放标准的建立领先于美国环保局，而美国环保局则引导着加州重型柴油发动机排放标准的建立。1973 年，加州最先实施美国国家空气污染管理局在 1968 年颁布的针对重型柴油发动机的标准。2004 年，加州采用了美国环保局颁布的 2004 年重型机动车的排放标准，后来又实施了美国环保局发布的对 2007 车型年及之后的重型车发动机的排放标准。总体来说，加州针对重型柴油发动机的排放标准体系是基于联邦层面的

---

① What is ARRA (American Recovery and Reinvestment Act of 2009)? https：// whatis. techtarget. com/definition/ARRA – American – Recovery – and – Reinvestment – Act – of – 2009.

② 参见 https：//www. gpo. gov/fdsys/pkg/BILLS – 111hr1enr/pdf/BILLS – 111hr1enr. pdf。

标准形成的。

1. 老旧重型柴油车改造

加州对柴油车污染治理的思路主要是基于提高在用柴油车整体的排放标准、降低对公众健康影响的目标下，针对重型柴油车设立了具有针对性的减排项目（老旧柴油车改造项目），并辅助以一定的补助和津贴，鼓励车主进行柴油车减排，并在此基础上出台了强制性的政策措施要求。这里的减排措施主要包括安装柴油颗粒捕集器（Diesel Particulate Filter，DPF）和对已有发动机进行升级。柴油颗粒捕集器简单来说就是对于后尾气的一个排放处理技术、装置或控制单元，通过过滤捕捉颗粒物，来降低排气中的颗粒物含量。在实施过程中，加州设立的配套技术认证要求、监管流程等监管政策极大地帮助了重型柴油机改造计划的顺利实施。

2000 年，加州空气资源委员会批准了降低柴油车风险计划（Risk Reduction Plan for Diesel Vehicles），要求对排放不达标的重型柴油车辆进行改造，目的是到 2020 年，加州的柴油车 PM 暴露率要比未实施控制措施时降低 85%。为实现该目标，车主可以使用新的清洁发动机替换原来的发动机或者对已有发动机进行排放处理改造，再或者通过改变驾驶习惯以避免过多的柴油机尾气排放。为了确保该目标的实现，加州空气资源委员会出台了柴油机排放认证策略（VDECS），对处理改造后的效果进行审核和认证；同时颁布法律规定，只有通过柴油机排放认证策略认证的装置（如柴油颗粒捕集器）才能在加州使用。

目前，柴油颗粒捕集器已被普遍应用于各种柴油发动机上。加州空气资源委员会对设备的改造设定了严格的标准和审核流程。一方面，改造设备的设计和生产流程必须符合联邦安全要求并且要被正确安装于使用终端和进行维护、保养。另一方面，安装人员在安装设备之前必须仔细确认车辆的行驶状况、车辆与所要安装的设备之间是否匹配，并且设备能否正常运行，旨在确保车辆改造的可靠性和安全性。

2. 重型柴油车的检查和维护

改造后的老旧车辆在不同的使用条件下，车辆的主要零部件会受到一定程度的磨损，这就要求对车辆的技术状况和工作性能进行全面、系统的检查和维护，以此来改善当前车辆各个零部件的工作性能，降低零部件的磨损程度，进而确保车辆排放的持续达标。

加州空气资源委员会为严格监督已改造车辆的正常运行，也在建立一个长期的全面的针对重型机动车的检查和维护计划（Heavy-Duty Inspection & Maintenance Program），以及时了解发动机、废气排放控制技术和机载诊断系统的现状。比如说，加州已有的重型车检查项目（Heavy-Duty Vehicle Inspection Program，HDVIP）和周期性烟雾检验项目（Periodic Smoke Inspection Program，PSIP）都是为控制重型柴油货车、巴士过度排放烟雾而制定的，为了确保加州所有的重型车辆都能得到妥善维护，防止蓄意损坏零部件导致过多烟雾排放的问题。

3. 资金补助

加州空气资源委员会实施的旨在减少烟雾形成和有害气体排放的卡尔莫耶空气质量达标计划（Carl Moyer Memorial Air Quality

Standards Attainment Program，Carl Moyer Program），为车主更换新的清洁发动机提供资金资助。截至 2017 年，该计划已经拨出约 10 亿美元，并且每年将继续提供 6000 多万美元的拨款资金用于清理整个加州的老旧污染引擎。

三　我国重型柴油车污染控制现状及问题

（一）污染现状

2017 年，全国机动车保有量达到 3.1 亿辆，其中汽车 2.17 亿辆（含新能源汽车 153 万辆）。汽车中，货车数量达到了 2341 万辆，占比 11.2%；柴油车 1956.7 万辆，占比 9.4%；柴油货车 1690.9 万辆，占比约 8%。2017 年，各类柴油载货汽车保有量占比情况如图 13 - 2 所示，各排放阶段柴油货车在总载货汽车中的占比情况如图 13 - 3 所示。

2017 年，仅占汽车保有量总量约 8% 的柴油货车，CO、HC、NOx 和 PM 的排放量占比分别达到了汽车排放总量的 9.9%、18.7%、57.3% 和 77.8%。柴油货车的各项污染物排放量占比均显著高于其保有量占比，尤其是 NOx 和 PM 排放量。各项污染物在各类型柴油货车中的占比如图 13 - 4 至图 13 - 7 所示，这显示了在柴油货车排放治理中，重型柴油货车是重点控制对象。[①]

---

① 中华人民共和国生态环境部：《2018 年中国机动车环境管理年报》。

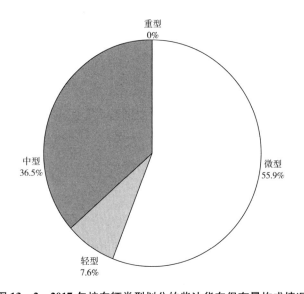

图 13 – 2   2017 年按车辆类型划分的柴油货车保有量构成情况

资料来源：中华人民共和国生态环境部：《2018 年中国机动车环境管理年报》。

（二）柴油货车污染控制存在的问题

目前，我国柴油车污染治理过程中仍存在以下主要问题。第一，老旧车辆冒充国 IV、国 V 车辆流入使用环节。环境保护部在 2014 年开展的柴油车关键环保部件核查过程中发现，1248 个车型中存在污染控制装置弄虚作假、以次充好，甚至是完全无后处理装置的情况占比近 40%。[①]

第二，柴油货车污染控制装置、车载诊断系统（OBD）不正常

---

① 参见 https：//kuaibao. qq. com/s/20180321A1PNAJ00？refer = spider。

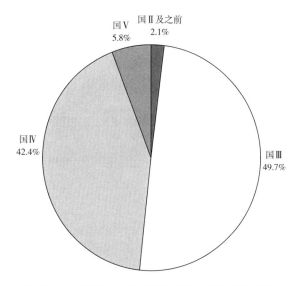

**图 13 - 3　2017 年按排放标准阶段划分的柴油货车
保有量构成情况**

资料来源：中华人民共和国生态环境部：《2018 年中国机动车环
境管理年报》。

运行。一方面，为解决重型车高排放问题，我国主要采用"废气再
循环＋选择性催化还原"的技术路线，要求在使用中添加尿素，降
低污染物排放。然而 2016 年，我国车用尿素实际消费量仅占理论需
要量的 1/3 左右。在污染控制装置失效的情况下，国 V 重型车氮氧
化物排放将是正常排放量的 10 ~ 44 倍。① 另一方面，OBD 是车载自动
诊断系统，排放不正常应该自动报警。近年来的多次调研发现，重型柴
油货车 OBD 接口不规范，缺少排放监测关键功能，甚至非法屏蔽排放

① 参见 http：//www. vecc-mep. org. cn/tabloid/778. html。

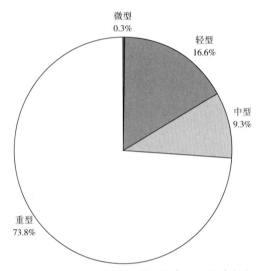

图 13 – 4　2017 年各类型柴油货车 CO 排放占比

资料来源：中华人民共和国生态环境部：《2018 年中国机动车环境管理年报》。

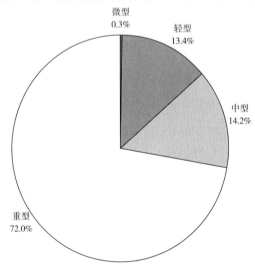

图 13 – 5　2017 年各类型柴油货车 HC 排放占比

资料来源：中华人民共和国生态环境部：《2018 年中国机动车环境管理年报》。

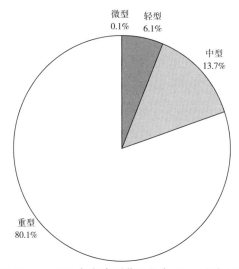

图 13-6　2017 年各类型柴油货车 NOx 排放占比

资料来源：中华人民共和国生态环境部：《2018 年中国机动车环境管理年报》。

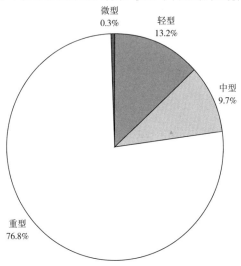

图 13-7　2017 年各类型柴油货车 PM 排放占比

资料来源：中华人民共和国生态环境部：《2018 年中国机动车环境管理年报》。

监测系统等问题较为普遍，即使车辆排放不正常，OBD 也不会报警。

第三，油品不合格是重型柴油车污染物排放量大的另一个重要原因。京津冀及周边地区民营加油站柴油合格率不到 50%，黑加油站点遍布各地，有关方面从货车油箱抽测发现柴油合格率不到 10%。①

四　对我国重型柴油车污染治理的启示

（一）推动在用老旧柴油货车的淘汰或升级、油品清洁化

利用法规或政策的手段推动在用老旧柴油货车的淘汰或升级以及油品清洁化。目前，老旧车辆冒充国Ⅳ、国Ⅴ车辆流入使用环节，污染控制装置、车载诊断系统不正常运行，以及柴油油品不达标等现象的存在，使得我国柴油货车造成的污染问题仍十分严重。2013 年的《大气污染防治行动计划》提出采取划定禁行区域、经济补偿等方式，逐步淘汰黄标车和老旧车辆。到 2017 年，基本淘汰全国范围内的黄标车。2018 年 8 月印发的《打赢蓝天保卫战三年行动计划》提出在重点区域采取经济补偿、限制使用、严格超标排放监管等方式，大力推进国Ⅲ及以下排放标准营运柴油货车提前淘汰更新。2020 年底前，京津冀及周边地区、汾渭平原淘汰国Ⅲ及以下排放标准营运中型和重型柴油货车100 万辆以上。目前我国主要依赖于政策手段来推动老旧车辆的淘汰，但是并未过多涉及在用车辆的升级和改造。

---

① 参见 https://www.cnautonews.com/gd/201901/t20190123_605419.html。

（二）科技创新促进标准升级，对现有的尾气排放标准定期进行评估和更新

以科技创新促进标准升级，积极将科技成果转化成技术标准，从而推动重型柴油车的减排。继 2016 年 1 月的重型车国 V 标准后，2018 年 6 月 22 日，生态环境部发布了《重型柴油车污染物排放限值及测量方法（中国第六阶段）》（简称重型车国 VI 标准）。2019 年 1 月，生态环境部等多部委联合印发的《柴油货车污染治理攻坚战行动计划》提出加强技术和能力支撑，支持管理创新和减排技术研发。这表示我国已经意识到科技创新对进一步实现柴油车减排的重要意义。

（三）统筹管理"车 - 油 - 路 - 企"，实现多部门联动

首先，治理重型柴油车污染排放问题，需构建长效减排机制，必须多部门联动方可见效。在我国，柴油车污染治理涉及包括生态环境部、运输部、能源局等在内的多个部门，只有各部门分兵把口、各负其责，紧抓"车、油、路、企"各个环节，实现整条产业链的整治全覆盖，才能保障排放标准的落实，减少重型柴油车的排放，进而降低对空气质量的影响。其次，实现全方位的"天地人"监管一体化，依赖于机动车遥感监测、排放检验机构联网和路检等手段，对柴油车展开全时段的排放监控，最终打赢柴油货车污染治理攻坚战。

（四）制定柴油车专项改造计划以及检查和维护计划

加大在用重型柴油车的改造力度，建议对现有的、较高排放水平的

车辆进行改造，以期达到国Ⅵ或更好的排放水平。对老旧、排放不达标车辆进行专项改造可以使这些车辆以较低成本达到排放标准的要求。同时，还需进一步建立和完善配套的重型柴油车的检查和维护计划，对改造车辆进行定期检查，以保证车辆排放的持续达标。另外，中央、地方环保部门以及交通运输部门之间的检查和维护信息共享平台的建立也十分重要，是各相关部门实现数据互通和闭环管理的必要保障。

（五）给予资金支持，充分调动各方积极性

进一步加大资金支持力度。在重型柴油车污染治理过程中，不论是淘汰老旧车辆，还是对已有车辆进行升级和改造，车主都需要负担一定的成本。2019 年 1 月，国家发改委等 10 部门印发的《进一步优化供给推动消费平稳增长促进形成强大国内市场的实施方案（2019 年）》，提出"对报废国三及以下排放标准汽车同时购买新车的车主，给予适当补助"。截至目前，国内已有多省市相继出台了老旧柴油车淘汰补贴的具体措施。然而，补贴力度未能够支撑车主的换车成本，所以各地补贴措施的实施情况也不甚理想。建议中央及地方进一步加大资金支持力度，只有补贴力度能够支撑换车成本时，才能充分调动车主换车的积极性，促进柴油车污染问题得到进一步改善。

第十四章　美国碳交易的实践及对我国的启示

提　要：以排污交易为理论基础的碳交易制度在美国东西海岸的实施有效减少了温室气体排放，促进了能源结构的清洁转型。美国东北部九个州和加州的碳交易具有如下特点：一是有完善的制度保障；二是为碳交易制度的各项要素制定了清晰明确的规定和要求；三是设立了惩罚机制；四是实现了政策间的协调促进。中国碳交易试点已经开展多年，全国碳市场刚刚起步，有很多碳市场的准备工作正在开展，市场也需要在尝试中不断地完善。美国的经验给我们如下启示：健全的法制环境是碳交易成功的重要保证；高效而独立的执行机构是碳交易的支撑；合理的碳交易机制设计是市场顺利推进的关键；多行业参与的碳市场是降低企业减碳成本的有效手段；政策间的协调可以更有效地促进清洁发展。

气候变化是世界各国在发展中所面临的共同挑战，控制温室气体排放是各国刻不容缓的任务。为应对全球气候变化，国际社会签署了《联合国气候变化框架公约》、《京都议定书》和《巴黎协定》等一系列国际公约。其中，2016 年生效的《巴黎协定》明确了全球平均温升不超过 2℃的长期控制目标。

碳排放权交易机制，通过市场机制优化配置碳排放空间资源，为实体碳减排提供经济激励，是一种基于市场机制的温室气体减排措施。与行政指令、经济补贴等减排手段相比，碳排放权交易机制是低成本、可持续的碳减排政策工具，被认为是气候政策皇冠上的"明珠"，被美国等国家广泛应用。

一　碳交易在美国的实践

排污权交易在美国已经拥有了很好的基础。20 世纪 90 年代以来，以排污交易机制为核心理念的二氧化硫交易成功地帮助美国解决了酸雨问题。而碳排放权交易在美国东西海岸的一些地区开始开展，用低成本减少温室气体排放。

2007 年美国联邦最高法院做出判决，认定二氧化碳等温室气体属于《清洁空气法》中规定的污染物，美国环保局有权对其进行监管。在奥巴马执政时期，美国环保局于 2015 年发布了美国联邦层面首个应对气候变化的政策——《清洁电力计划》。《清洁电力计划》针对的是温室气体排放占美国 1/3 的电力行业，它要求全美电力行业温室气体排放在 2030 年实现在 2005 年的基础上减少 32% 的目标。美国环保局要求各州为实现联邦目标制订州计划，碳交易是确保各州实现其碳排放目标的手段之一。但是在经历了国会和法庭上的种种博弈后，《清洁电力计划》最终被美国环保局撤销。目前，美国联邦层面应对气候变化行动缓慢，但是在环保领域一向领先的美国东北部地区的九个州和西部的加州却早已在区域内成功启动了碳市场，也实现了温室气体的减排，为应对气候变化做出了贡献。

（一）美国区域温室气体减排行动（RGGI）

RGGI 源于 2005 年美国东北部地区十个州共同签署的应对气候变化协议。从 2009 年起，美国东北部的康涅狄格州、特拉华州、缅因州、马里兰州、马萨诸塞州、新罕布什尔州、纽约州、罗得岛州和佛蒙特州等九个州（新泽西州在期初参与了 RGGI，但于第一阶段结束后退出）共同开展了美国首个旨在减少温室气体排放的市场化监管计划。RGGI 系统是单纯管制火电行业的单独行业的碳交易体系。

RGGI 九个州的人口总数占美国总人口的 14%，GDP 占美国总 GDP 的 16%。2015 年时，RGGI 地区温室气体排放量占美国总排放量的 1.4%。RGGI 自 2009 年启动到 2015 年，区域内二氧化碳排放量减少了 5%，其中的 20% 来自电力行业。

根据 RGGI 的机制设计要求，纳入 RGGI 系统的是 25 兆瓦以上的化石燃料电厂，总共 160 多家。RGGI 的每个履约期为 3 年，第一履约期为 2009~2011 年，第二履约期为 2012~2014 年，第三履约期为 2015~2017 年，目前是第四履约期，从 2018~219 年。RGGI 前两个履约期为稳定期，也就是在这一时期各成员州的配额总量保持不变，从 2015 年开始，碳配额总量每年下降 2.5%，至 2018 年累积下降 10%。2019 年 RGGI 设置的配额总量是 8018 万短吨二氧化碳当量。

RGGI 各州通过拍卖来出售几乎所有的碳排放限额，这是参与 RGGI 电厂的配额获取方式。拍卖所得的收益用来投资能效、可再生能源及其他消费者福利项目。RGGI 所投资的这些项目有助于推动各州清洁能源经济创新，并为这一区域创造绿色就业机会。RGGI 配额的初始分配是以季度为单位进行拍卖，每次拍卖的量为总量的 25%。从 2008 年 9 月到 2018 年 12 月，RGGI 共进行过 42 次拍卖，拍卖价格区间为 1.86 ~ 7.5 美元。

RGGI 的机制设置是以电厂为单位进行配额交易，电厂可以通过在二级市场上的交易，来出售富裕的配额或购买履约所需配额。二氧化碳配额追踪系统（COATS）和独立的第三方核证监督机构，对初级市场的拍卖和二级市场中市场交易行为进行监督、核证。在二级市场价格低迷的情况下，为了挽救市场，RGGI 设置了配额调整机制。

RGGI 运行可以使用抵消量，RGGI 所规定的抵消量是总量管制电力行业以外的基于项目的温室气体减排量。在每一控制期内，RGGI 仅允许使用抵消配额来满足发电厂 3.3% 的二氧化碳合规义务。抵消项目要提交申请并在二氧化碳配额追踪系统 COATS 注册，以便于追踪。

RGGI 设有成本控制储备机制，设置这一机制的目的是平抑价格，这些配额只有在二氧化碳配额价格超过某一阈值时才可出售。

虽然九个州没有统一的法规约束，但是 RGGI 通过合作备忘录的形式发布了协调各州行动一致的指导性条例，从而建立了统一、完善的法规体系。各州依据指导性条例设定各州自己的法规，且各州都设有相关的法规和监管机构，对其州内参与 RGGI 的电厂的二氧化碳排放进行管理。各州有各州的配额注册交易平台，各州自行进行执法处罚。

对于碳排放的监测、上报和核查（MRV），RGGI 所覆盖的煤电厂根据《清洁空气法》的要求，已经都安装了连续监测设备（CEMS）对其排放数据进行监控。根据 RGGI 的要求，参与碳交易电厂的排放数据由各州环境监管机构负责，使用 CEMS 的监测数据，季度性上报美国环保局数据采集平台，各个企业的排放数据公开，并接受公众的监督。排放主管机构要记录每个减排主体的配额分配、转让情况，并对企业排放报告的检测方法、程序和内容进行审查、核证。对于 RGGI 的执法，各州依据各州的法律规定开展。

RGGI 履约期为三年，在头两个履约期，RGGI 要求受其监管的电厂在三年履约期满时，根据其实际排放量如数提交配额。而在第三个履约期，根据要求，受监管的电厂要在临近履约期末（即第二年结束后）提交其实际排放量一半的配额，而在三年履约期结束后，提交剩余的配额。

从 2009 年启动至今，RGGI 出现的最主要的问题是由于配额过剩造成的市场价格低迷、活跃度差，且未能实现通过碳交易发现价格和传递价格信号的基本功能。这一问题的产生也体现出美国电力行业的发展趋势。美国的电力工业历史超过百年，且十分发达。2010 年之前，美国每年的总发电量和总装机容量一直高居世界第一位，这一霸主地位从 2010 年开始被中国取代。2005 年以前，美国年发电量持续增长，2005 年以后，由于经济增速较慢，美国的发电量维持在一个比较稳定的量上。装机容量也以每年 1.1% 左右的速率稳步缓慢增长。煤电是美国电力工业的传统，数十年来一直占据整个美国发电总量约半数的比例。但由于煤电带来的环境压力，以及美国的页岩气革命，天然气价格的大幅下降，近些年来，美国的煤电机组容量和发电量比例逐年减少。美国能源信息署（EIA）的数据显示，2014～2016 年，美国煤电的发电量占比分别为 39%、33% 和 30.4%。而在 1997 年和 2009 年，这一比例分别为 52.8% 和 45%。美国天然气发电对煤电的取代在很大程度上降低了美国电力行业的碳排放，也就造成了 RGGI 在 2009 年启动后最初几年配额过剩的问题。

在 2009 年，RGGI 控排企业实际二氧化碳排放总量就已经比初始配额总量低 35.1%，2010～2013 年，RGGI 控排企业实际二氧化碳排放总量分别较年度初始配额总量低 27.7%、36.7%、51.1% 和 53.7%。配额过剩使碳市场发现价格和传递价格信号的功能基本丧失，RGGI 通过碳交易政策来刺激减排和低碳投资的初衷落空。第一履约控制期配额拍卖总量为 5.03 亿短吨，但实际拍卖只售出 3.93 亿短吨；由于拍卖量远大于需求量，2010 年第三季度到 2012 年第四季度的连续十次拍卖均以最低的规定价格成交。同时，非控排企业参与碳市场的积极性急剧下降，二级市场交易占比从 2009 年的 85% 下滑到 2011 年的 6%。

为挽救碳市场，RGGI 果断对初始配额总量设置进行了调整，并出台若干配套机制以稳定碳市场。2013 年，RGGI 实施了配额总量设置的动态调整机制，对 2014 年开始的配额总量进行了大幅削减，由原来的 1.6 亿短吨削减至 0.91 亿短吨，相比 2013 年下降了约 45%。通过及时调整，RGGI 价格和市场低迷的问题得到了有效的解决。

（二）加州碳市场

加州是美国环境保护领域的风向标，在控制温室气体排放方面加州也走在了美国的最前沿。加州碳市场从 2013 年开始启动，并实现了与加拿大魁北克省和安大略省碳市场的链接。与 RGGI 不同，加州碳市场除了电力行业还包含了建材、有色、石化和交通等行业。

2006 年，在时任州长施瓦辛格的带领下，加州通过了控制温室气体排放的 AB32 法案，为控制温室气体排放奠定了坚实的法律基础。根据法案要求，加州 2020 年的温室气体排放要回归到 1990 年的水平。2016 年 9 月 30 日，加州又通过了 SB32 法案，SB32 法案是 AB32 法案的延续。它提出到 2030 年，将加州的温室气体排放量在 1990 年的基础上减少40%，并在 2050 年实现加州温室气体排放量在 1990 年的基础上减少80%以上。总量控制和交易手段是帮助加州以低成本实现温室气体减排的重要途径，包括电力行业在内的主要排放源都被纳入加州碳市场。市场机制提供的价格信号，促进了清洁技术的长期投资和能效项目的发展。

加州的温室气体减排由环保系统掌管。加州空气资源委员会（CARB）是加州环保局下属的，直接向加州州长办公室和加州政府汇报的，负责管理空气污染问题和应对气候变化的政府职能部门。加州碳市场的设计和运行由加州空气资源委员会负责。

加州碳市场是实现 AB32 法案提出的加州州内温室气体减排目标的重要途径。加州碳市场覆盖了 450 家排放实体，管控约 85% 的州内温室气体排放，是北美地区最大的碳市场。2014 年 1 月 1 日和 2017 年 1 月 1 日，加州碳市场分别和加拿大魁北克省和安大略省的碳市场实现了链接（安大略省碳市场于 2018 年 7 月 3 日退出链接）。

　　加州碳市场于 2013 年正式启动，2012 年 11 月首次进行配额拍卖。
2020 年前，加州碳市场分为三个阶段，第一阶段是 2013 年和 2014 年，
随后每三年为一个阶段。碳市场为 2013 年和 2014 年设定的排放目标是
碳排放总量分别比前一年减少 2%。从 2015 年到 2020 年，设定的排放
目标为每年的排放总量比前一年减少 3%。2013 年纳入加州碳市场的行
业包括电力和其他高耗能工业领域，2015 年，交通和商用、民用天然
气使用也被纳入了加州碳市场。这些行业中，年排放量超过 2.5 万吨的
企业都要参与到碳市场中。图 14 - 1 显示了 2013 ~ 2020 年，每年加州
碳市场设定的配额总量，由于 2015 年新的行业纳入碳市场，因此 2015
年的总量呈现突然增加的趋势。

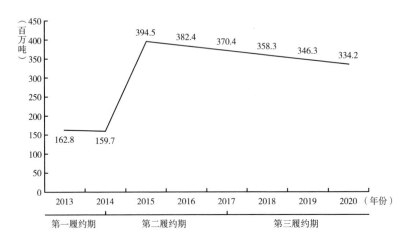

图 14 -1　加州碳市场年度配额总量（2013 ~ 2020 年）

　　资料来源：International Carbon Action Partnership（ICAP）USA – California Cap-
and-Trade Program。

　　在加州碳市场中，对于大型的工业排放源，为了不影响其市场竞争力，在碳市场启动初期的配额发放以免费为主。随着碳市场的深入进行，更高比例的配额将通过拍卖方式进行分配。对于大多数工业行业来说，配额的分配标准采用了基准线法设定。为了鼓励高能效设施，基准线设置在整体排放强度的前 10%。工业行业每年根据实际的生产情况调整配额的额度。加州碳市场为输配电企业免费发放配额，配额发放量的设定是用 9770 万吨二氧化碳当量乘以 2013 ~ 2020 年各年的总量调整系数。

　　加州碳市场预留了一部分配额用于拍卖，拍卖的价格可以为碳市场的价格设定提供参考。且为了避免价格过低，加州设定了拍卖保留价格。加州还拿出配额总量的 4% 设置了配额价格牵制储备（Allowance Price Containment Reserve，APCR）以控制市场价格，当市场价格达到某一限值时即可触发这一机制生效，配额价格牵制储备中的配额可以在拍卖时进入市场，从而降低碳价，稳定市场价格。且 2020 年后加州的碳市场设计中，明确要设置最低价和最高价以确保市场的稳定。目前，只有发电企业需要通过拍卖来获得全部配额，而其他行业内的企业都是以免费发放为主。2015 ~ 2020 年，配额总量的 10% 被用来拍卖（主要是电力行业），另外有占总量 0.25% 的配额被放入自愿可再生能源电力储配。

　　加州碳市场的配额拍卖按季度进行，在加州碳市场启动的前两年，拍卖的总收入达到 26.5 亿美元，其中来自州政府的拍卖收入约 970 万美元，其被归入温室气体减排基金（Greenhouse Gas Reduction Fund）用来在州内投资温室气体减排项目，且其中的 25% 将用于资助贫困社区；另外输配电公司出售配额所获得的 16.8 亿美元将被用来反馈给电力用户。

　　加州碳市场允许企业使用经过独立认证的抵消量，但最多不超过

8%的抵消量可以用来履约。按规定，抵消项目必须来自美国境内，且必须从森林、城市森林、牧场沼气、减少破坏臭氧层物质、采矿甲烷气捕获和水稻种植这6个领域中产生。

纳入碳市场的排放源按要求每年需要提交排放数据和其他额外所需的数据，且加州碳市场设有独立的第三方进行核查。在加州碳市场的三个阶段中，在每个阶段都可以循环履约。纳入加州碳交易体系的企业，每年要提交前一年排放量30%的配额和抵消量用于履约。每个阶段的履约期末，会对整个履约期配额进行调整，且纳入加州碳交易体系的企业在履约期末需要提交全部剩余的配额和抵消量。若过期未履约或配额短缺，每吨短缺配额要支付4吨的配额作为惩罚。加州空气资源委员会设立了市场监控机构，与州和联邦相关机构一起对碳市场进行监管。

加州碳市场允许配额的存储和预借。存储的配额不会过期，但会受到当年配额总量的限制。加州碳市场的机制设置还允许预借配额，但预借的配额只能以当年履约为目的来使用。

加州碳市场采用了灵活的市场手段控制成本，这些手段包括采用配额存储机制以应对配额不足和价格波动，预留4%的配额在必要时使用，且多年履约期的设计也可以弥补单独一年由于产量变化造成的影响。

加州碳市场为电力行业的参与设计了比较特殊的机制。发电企业不能获得免费配额，发电企业履约所需的全部配额都需要在一级或二级市场中购买。而输配电企业会根据上一年的输配电情况获得相应的免费配额。输配电企业本身没有排放，不需要履约，可以将其所获得的免费配额全部出售，这么做是为了平抑电价。输配电企业在市场中出售其所获得的免费配额，产生收益，并在向用户售电时将这部分收入作为补贴返还给电力用户，这可以减轻碳市场对电力消费者的经济负担。

加州碳市场自启动运行以来一直进展顺利，称得上是碳市场的成功尝试。加州碳市场的运行实现了其设计初衷，既让加州经济保持了持续增长，同时也降低了温室气体的排放。数据显示，加州 GDP 在 2013 年的增长超过了 2%，而碳市场启动第一年纳入行业的碳排放量减少了将近 4%。从拍卖和交易数据看，加州的碳市场从启动开始就保持着稳定和强劲的势头。纳入碳市场的企业都能做到积极履约。加州的电价也并未因为碳市场的存在而大幅波动。

加州的碳市场机制有效地推动了清洁能源的使用，促进了清洁能源的发展和加州电力行业的清洁转型。在碳市场的背景下，加州州内和向加州售电的发电企业在自身运营成本之上，购买履约配额所增加的成本将会反映在其售电价格上，并通过加州的电力市场进行传导。在竞争市场机制下，价格低的发电机组会有更多的发电机会。在碳市场存在的情况下，由于发电企业要在市场中购买排放配额，以化石燃料为主的发电机组势必会增加碳排放这部分成本。机组的效率越低，排放量越高，这部分成本就会越多，进而影响企业在电力市场中的竞争力。相反，可再生能源发电等碳排放为零的发电类型的优势在竞争中就可以得到体现，因此碳市场有效地促进了加州的清洁低碳电力结构的发展。

二　我国碳交易现状

（一）碳交易试点

2011 年，国家发展改革委印发了《关于开展碳排放权交易试点工作的通知》（发改办气候〔2011〕2601 号），在北京市、天津市、上海市、重庆市、湖北省、广东省及深圳市开展碳排放权交易试点工作。从 2013 年 6 月开始，深圳市、上海市、北京市、广东省、天津市、湖北省和重庆市的交易相继启动。

七个试点省市围绕碳交易试点开展了相关的基础工作，设立了管理机构，制定了地方法规，确定了覆盖范围和纳入门槛，设置了配额分配方案，建立了参与企业的温室气体监测、报告和核查制度，确立了注册登记和交易系统及交易规则，制定了抵消机制，开展了相关人员的能力建设。截至 2017 年底，七个碳交易试点地区中，20 多个行业近 3000 家重点排放单位参与了碳交易。

（二）全国碳市场

2013 年党的十八届三中全会通过的《中共中央关于全面深化改革若干重大问题的决定》，提出推行碳排放权交易制度，将建设全国碳市场作为全面深化改革的重点任务之一，这标志着我国正式迈入全国碳市场建设阶段。2015 年 11 月，习近平主席在巴黎气候大会上提出，把建立全国碳排放交易市场作为应对气候变化的重要举措。

2016 年 3 月，第十二届全国人民代表大会第四次会议批准《中华人民共和国国民经济和社会发展第十三个五年规划纲要》，提出"推动建设全国统一的碳交易市场，实行重点单位碳排放报告、核查、核证和配额管理制度"。

2016 年 10 月，国务院印发《"十三五"控制温室气体排放工作方案》（国发〔2016〕61 号），在"建设和运行全国碳排放权交易市场"

部分提出"建立全国碳排放权交易制度，启动运行全国碳排放权交易市场，强化全国碳排放权交易基础支撑能力"。

2017 年 12 月，国家发展改革委印发了《关于做好2016、2017 年度碳排放报告与核查及排放监测计划制定工作的通知》（发改办气候〔2017〕1989 号）。此外，国家发展改革委还组织制定企业碳排放报告管理办法和碳排放权第三方核查机构管理办法等配套制度；制定完善配额分配方法，完成电力、电解铝和水泥行业部分企业配额分配试算；开展全国碳排放权注册登记系统和交易系统联合建设；研究推进清洁发展机制和温室气体自愿减排交易机制改革等。

2017 年 12 月 19 日，国家发展改革委副主任张勇正式宣布了中国碳市场的启动，《全国碳排放交易市场建设方案（发电行业）》已经得到国务院批准，碳排放权交易在中国进入了一个新的阶段。

三 美国排污交易和碳交易对我国的启示

美国区域性碳交易实践可以为我国的全国碳交易提供借鉴，推动我国更好地采用市场机制解决环境和气候问题。

（一）健全的法制环境是碳交易成功的重要保证

美国国内政治决定了法律的基础地位，美国国会对于重大战略问题起着决定性作用。包括碳交易在内的排污权交易是将公权力对于私人的监管转化为私人产权的契约交易，因此法律更要保证产权的合法性和契约的有效性。美国十分重视环境保护法规的建设，至今已经制定了涉及空气、水、有毒物、自然保护等法律法规 120 种以上，形成了一个严格的多方位的环境保护法规系统，例如《清洁空气法》《清洁水法》《资源保护与恢复法》等。美国的排污权交易适用于《清洁空气法》，而温室气体被美国联邦最高法院判定为《清洁空气法》中规定的污染物。且加州在 2006 年和 2016 年分别通过了控制温室气体排放的 AB32 法案和 SB32 法案，奠定了碳减排和交易的法律基础。RGGI 九个州采用的是通过合作备忘录的形式发布协调各州统一行动的指导性条例，以便各州对于碳市场的管理与监督。

（二）高效而独立的执行机构是碳交易的支撑

美国环保局作为《清洁空气法》授权的法规制定与执行机构，在污染物和温室气体的排放以及排污权交易中发挥了重要的作用。加州的碳市场也是由加州环保局下属的加州空气资源委员会负责，而参与 RGGI 各州的环保局也在排放数据的管理和监管中发挥了重要的作用。

（三）合理的碳交易机制设计是市场顺利推进的关键

配额总量的合理设置可以确保碳市场活跃、碳价格合理，有助于通过碳市场反映出碳减排的成本，能有效地促进行业和社会的低碳发展。

加州碳市场有一部分配额是免费发放的，免费的初始配额分配可以减轻企业的负担。加州碳市场也有一部分配额采用了拍卖的方式做初始分配，而 RGGI 全部采用了拍卖。拍卖能降低政府的管理成本，增加企业的主观能动性。拍卖还有助于平抑过高的碳价，另外，政府设定的拍卖保留价格也可以避免价格过低，同时，拍卖的收益可以发挥应有的作用。加州输配电公司的拍卖收益可以弥补电力用户的电价增长，而RGGI 的拍卖收益还可以用来投资低碳项目和发展清洁能源。

加州的配额价格牵制储备和 2020 年后的最低最高价格区间的设置，可以确保市场价格稳定，防止价格过度波动。企业也可以根据自身生产和排放情况，事先对自己的履约情况有一定的预估，这有利于企业的履约。

（四）多行业参与的碳市场是降低企业减碳成本的有效手段

与二氧化硫、氮氧化物和烟尘等传统污染物控制不同，碳减排的技术空间较小。单一行业参与减排成本可能会比较高，多个行业参与，碳市场可以通过不同行业间碳减排边际成本的差别来降低履约成本，实现低成本减排。

（五）政策间的协调可以更有效地促进清洁发展

碳市场的目的是促进企业实现低成本减排，促使能源结构的清洁转型。在 RGGI 和加州碳市场中的电力行业，受到区域碳市场与电力市场的共同作用。碳市场对于效率低下的发电企业来说会增加成本，而市场机制会为清洁高效的电厂带来红利。通过电力市场的作用，清洁高效的电厂会获得更多的发电机会，而效率低下的电厂则会因为成本的原因发电量减少。因此，政策之间的相互统筹与协调可以有效地推进能源结构的清洁低碳转型，促进全社会的清洁发展。

参考文献

车国骊、田爱民、李扬等:《美国环境管理体系研究》,《世界农业》2012 年第 2 期。

陈洁敏、赵九洲、柳根水、孔翔:《北美五大湖流域综合管理的经验与启示》,《湿地科学》2010 年第 2 期。

陈维春、曲扬:《美国排污权交易对我国之启示》,《华北电力大学学报》(社会科学版) 2013 年第 6 期。

戴伟平、邓小刚、吴成志等:《美国排污许可证制度 200 问》,中国环境出版社,2016。

丁姗姗、段进东:《美国排污权交易运行模式及其借鉴》,《中外企业家》2016 年第 25 期。

胡彩娟：《美国排污权交易的演进历程、基本经验及对中国的启示》，《经济体制改革》2017 年第 3 期。

李丽平、孙飞翔、李媛媛、李瑞娟：《美国环境政策研究（二）》，中国环境出版社，2017。

李丽平、王彬、李媛媛：《企业违法获得的经济利益应成行政处罚关键要素》，《中国环境报》2019 年 2 月 14 日，第 3 版。

李丽平、肖俊霞：《政府采购应对违法企业部门》，《中国环境报》2016 年 3 月 2 日，第 1 版。

李媛媛、刘金淼、黄新皓、石磊：《北美五大湖恢复行动计划经验及对中国湖泊生态环境保护的建议》，《世界环境》2018 年第 2 期。

李志涛、翟世明、王夏晖、陆军：《美国"超级基金"治理案例及其对我国土壤污染防治的启示》，《环境与可持续发展》2015 年第 4 期。

刘桂芳等：《活性炭吸附水中酚类内分泌干扰物试验研究》，《中国给水排水》2008 年第 21 期。

刘伟：《促进生态文明建设的财税政策》，《行政管理改革》2018 年第 1 期。

刘伟江、丁贞玉、文一、白辉：《地下水污染防治之美国经验》，《环境保护》2013 年第 12 期。

陆新元：《环境监察》（第三版），中国环境科学出版社，2012。

逯元堂、吴舜泽、陈鹏：《环境保护基金特征及构建思路研究》，《生态经济》2015 年第 9 期。

马利民、谭明涓：《巴中公安研发行政处罚自动裁量系统》，《法制日报》2018 年 10 月 30 日，第 3 版。

马中、杜丹德:《总量控制与排污权交易》,中国环境科学出版社,1999。

中国清洁空气联盟、能源基金会(中国):《美国和欧盟的排放源排污许可证制度:中国可借鉴的经验(节选)》,2016。

环境保护部污染防治司、巴塞尔公司亚太区域中心编《美国危险废物管理体系及处置设施技术规范》,中国环境出版社,2015。

孟平:《美国排污权交易——理论、实践以及对中国的启示》,硕士学位论文,复旦大学,2010。

秦虎、张建宇:《美国环境执法特点及其启示》,《环境科学研究》2005 年第 1 期。

秦虎、张建宇:《中美环境执法与经济处罚的比较分析》,《环境科学研究》2006 年第 2 期。

秦虎:《从执法本位到守法本位——关于环境执法模式转换的初步讨论》,《环境监察》2014 年 12 月 10 日。

沈洪涛、任树伟、何志鹏、梁雪峰:《湿地缓解银行——美国湿地保护的制度创新》,《环境保护》2008 年第 12 期。

宋国君、赵英煦:《美国空气固定源排污许可证中关于监测的规定及启示》,《中国环境监测》2015 年第 6 期。

汪劲等:《环境正义:丧钟为谁而鸣——美国联邦法院环境诉讼经典判例选》,北京大学出版社,2006。

王昊:《美国区域温室气体减排行动对中国电力行业碳交易的启示》,《中华新能源》2016 年第 18 期。

王茜:《危险废物管理法律制度比较研究》,硕士学位论文,广东商学院,2011。

王天义、韩志峰、李艳丽：《美国 PPP 之发展及对中国之启示》，《Wemeck & Saadi（2015）报告》，2015。

王向楠：《美国环境污染责任保险的特点及借鉴意义》，《党政视野》2015 年第 12 期。

王志轩、张建宇、潘荔：《火电厂排污许可"一证式"管理制度研究》，中国电力出版社，2016。

徐再荣等：《20 世纪美国环保运动与环境政策研究》，中国社会科学出版社，2013。

约翰·斯普兰克林、格雷戈里·韦伯：《危险废物和有毒物质法精要》（第 2 版），凌欣译，南开大学出版社，2016。

张丹丹：《美国危险废物管理法律制度对我国的启示》，硕士学位论文，华北电力大学，2015。

张立：《美国补偿湿地及湿地补偿银行的机制与现状》，《湿地科学与管理》2008 年第 4 期。

张旻：《论我国土壤污染风险保险制度的构建——以美国和日本为借鉴》，硕士学位论文，华中科技大学，2015。

张苏昱、张冉、李晶：《行政和解：证券行政执法新尝试》，《人民日报》2018 年 8 月 14 日，第 7 版。

张英磊：《由法经济学及比较法观点论环境罚款核科中不法利得因素之定位》，《中研院法学期刊》2013 年第 13 期。

赵勇：《从美国联邦政府绿色采购制度看美国国家治理》，经济科学出版社，2016。

中国二氧化硫排放总量控制及排放权交易政策实施示范项目组编

《中国酸雨控制战略：二氧化硫排放总量控制及排放权交易政策实施示范》，中国环境科学出版社，2004。

《中华人民共和国政府采购法》，http：//www. gov. cn/gongbao/content/2002/content_ 61590. htm。

《中华人民共和国政府采购法实施条例》，http：//www. gov. cn/zhengce/2015 - 02/27/content_ 2822395. htm。

中华人民共和国财政部：《政府采购货物和服务招标投标管理办法》，http：//www. gov. cn/gongbao/content/2017/content_ 5241918. htm. 2017。

Altman, T. , Complying With Clean Air Act Regulations: Issues and Techniques, 1995.

Chang, S. et al. , "Adsorption of the Endocrine - Active Compound Estrone on Microfiltration Hollow Fiber Membranes," *Environmental Science & Technology*, 2003, 37 (14): 3158.

Clean Air Act Law and Explanation (CCH Editorial Staff Publication, 1994).

Clean Air Alliance China, Energy Foundation China, Air Emissions Source Permitting Programs in the United States and European Union: Lessons for China, 2016.

Cynthia Giles, "Next Generation Compliance," in LeRoy C. Paddock, Jessica A. Wentz, eds. , *Next Generation Environmental Compliance and Enforcement* (Washington, D. C. : Environmental Law Institute, 2014), pp. 1 - 22.

Davidson, Justin M. , "Polluting without Consequence: How BP and other Large Government Contractors Evade Suspension and Debarment for

Environmental Crime and Misconduct," *Pace Environmental Law Review*, Fall 2011.

Environment at a Glance 2013: OECD Indicators (OECD Publishing).

Environmental Law Institute Research Staff, *Banks and Fees: The Status of Off-Site Wetland Mitigation in the United States* (Washington, D. C.: Environmental Law Institute, 2002), p. 17, pp. 36 – 37, p. 62, p. 121.

Environmental Law Institute, ELI's Compensatory Mitigation Research, https://www.eli.org/compensatory-mitigation.

Field, B. C., Field, M. K., *Environmental Economics: An Introduction, 6th Edition* (McGraw-Hill, New York, 2012).

Fukuhara, T. et al., "Absorbability of Estrone and 17beta-estradiol in Water onto Activated Carbon," *Water Research*, 2006, 40 (2): 241 – 248.

Hsia-Kiung, Katherine, Morehouse Erica, Carbon Market California: A Comprehensive Analysis of the Golden State's Cap and Trade Program, 2015.

INECE, The Special Report On The Next Generation Compliance.

Jacus, John R., Miller, Dean C., *Transport of Hazardous Waste* (Davis Graham & Stubbs LLP).

Pendergrass, John, "Environmental Law in the United States," *Environmental Law Institute.*

Principles of Environmental Compliance and Enforcement Handbook, International Network for Environmental Compliance and Enforcement, 2009.

Snyder, S. A. et al., "Role of Membranes and Activated Carbon in the

Removal of Endocrine Disruptors and Pharmaceuticals," *Desalination*, 2007, 202（1）：156 – 181.

United States Government Accountability Office, The United States and European Union are the Two Largest Markets Covered by Key Procurement-Related Agreements, July 2015.

U. S. ACE, Regulatory In-lieu Fee and Bank Information Tracking System, https：//rsgisias. crrel. usace. army. mil/ribits/fip = 107：17：97357 3082007036：NO：(2012 – 11 – 13).

U. S. EPA, Clean Water Act, Section 404, https：//www. epa. gov/cwa – 404/clean – water – act – section – 404.

U. S. EPA, Compensatory Mitigation for Losses of Aquatic Resources, Final Rule, https：//www. epa. gov/sites/production/files/2015 – 03/documents/2008_ 04_ 10_ wetlands _ wetlands_ mitigation_ final_ rule_ 4_ 10_ 08. pdf.

U. S. EPA, Compensatory Mitigation Mechanisms, https：//www. epa. gov/cwa – 404/compensatory-mitigation-mechanisms.

U. S. EPA, Compensatory Mitigation, https：//www. epa. gov/cwa – 404/compensatory-mitigation.

U. S. EPA, Enforcing Hazardous Wastes Rules in India-Strategies and Techniques for Achieving Increased Compliance, Environmental Law Institute (ELI), the National Law School of India University (NLSIU), 2014.

U. S. EPA, Environmental Compliance and Enforcement, 2009.

U. S. EPA, Hazardous Waste Civil Enforcement Response Policy, 2003.

U. S. EPA, Memorandum of Agreement, https://www.epa.gov/cwa - 404/memorandum-agreement.

U. S. EPA, Next Generation Compliance Strategic Plan 2014 - 2017.

U. S. EPA, RCRA Civil Penalty Policy, 2003.

U. S. EPA, RCRA Orientation Manual, 2014.

U. S. EPA, Risk Communication in Action: The Risk Communication Workbook. 2007.

U. S. EPA, A Community Guide to EPA's Superfund Program, https://semspub.epa.gov/work/HQ/175197.pdf, 2011.

U. S. EPA, Clean Air Act Stationary Source Compliance Monitoring Strategy, https://www.epa.gov/sites/production/files/2013 - 09/documents/cmspolicy.pdf.

U. S. EPA, Mitigation Banking Factsheet, https://www.epa.gov/cwa - 404/mitigation-banking-factsheet.

West, Joseph D. et al., The Environmental Protection Agency's Suspension and Debarment Program (Briefing Papers, November 2013).

Yong, J. J. et al., "Rejection Properties of NF Membranes for Alkylphenols," *Desalination*, 2007, 202 (1): 278 - 285. "Brief History of EPA's Debarment Program," http://www.epa.gov/ogd/sdd/history.htm.

图书在版编目（CIP）数据

美国环境政策研究. 三 / 李丽平等著 . – – 北京：
社会科学文献出版社，2019. 8
ISBN 978 – 7 – 5201 – 4878 – 8

Ⅰ. ①美… Ⅱ. ①李… Ⅲ. ①环境政策 – 研究 – 美国
Ⅳ. ①X – 017. 12

中国版本图书馆 CIP 数据核字（2019）第 095350 号

美国环境政策研究（三）

著　　者 / 李丽平　李媛媛　杨　君　耿润哲　刘金淼　等

出 版 人 / 谢寿光
责任编辑 / 任晓霞
文稿编辑 / 孙智敏

出　　版 / 社会科学文献出版社·群学出版分社（010）59366453
　　　　　　地址：北京市北三环中路甲 29 号院华龙大厦　邮编：100029
　　　　　　网址：www. ssap. com. cn
发　　行 / 市场营销中心（010）59367081　59367083
印　　装 / 三河市尚艺印装有限公司

规　　格 / 开本：787mm × 1092mm　1/16
　　　　　　印张：21. 25　字数：252 千字
版　　次 / 2019 年 8 月第 1 版　2019 年 8 月第 1 次印刷
书　　号 / ISBN 978 – 7 – 5201 – 4878 – 8
定　　价 / 109. 00 元

本书如有印装质量问题，请与读者服务中心（010 – 59367028）联系